给孩子讲

太空

THE SPACE

著名物理学家李淼教授给

U0241186

李 淼

著

江苏凤凰文艺出版社

JIANGSU PHOENIX LITERATURE AND
ART PUBLISHING, LTD

1

第一讲　宇宙交响曲

给孩子讲
太空　THE SPACE

目录
Contents

3

第三讲　探索物理之美

目录
Contents

附录

给孩子讲
太空 THE
SPACE

第一讲

Chapter 1

宇宙交响曲

宇宙撕裂，万物消失

◎ 宇宙的寿命可能是有限的

20世纪末天文学家通过观测遥远的超新星得到一个惊人的判断，遥远的天体相对于我们的退行速度越来越大。这意味着在我们的宇宙中存在一种无所不在的特殊能量，这种能量被称为暗能量。因为它的唯一作用是提供斥力，使得宇宙中天体之间的退行速度越来越大，我们还没发现有其他什么办法直接和这种能量打交道。最近几年来，天文学家和物理学家合作研究暗能量的性质，提出了各种各样的可能。有人认为暗能量密度是一个恒量，大小不依赖地点也不依赖时间。如果是这样，宇宙将无止境地膨胀下去，恒星和星系将消失，人类也很难维持文明。另一种可能是能量密度越来越小，对人类来说这是最好的可能。第三种可能是密度越来越大，天体之间的斥力也越来越大,最终导致大撕裂,即所有物质,包括分子和原子都被撕裂,这是宇宙的终结。令人害怕的是,有一些观测证据支持这种观点。

◎ 宇宙有一个开端吗? 如果有,宇宙是怎么起源的?

宇宙是否有一个开端? 大爆炸宇宙学说看上去承认宇宙有一个开端,在开始的时候,大约 137 亿年前,宇宙非常非常小,突然宇宙空间的每一个点同时爆炸,温度很高,看上去是一锅炽热的粒子气体。我们现在的宇宙就是从那个婴儿期来的。科学家们相信,在热大爆炸之前,还有一个极为短暂的时期,宇宙在这个时期是冷的,但存在一种能量使得宇宙膨胀得更为迅速。宇宙在这个时期以前是什么样子,是否还有一个有趣的历史? 我们还没有答案。

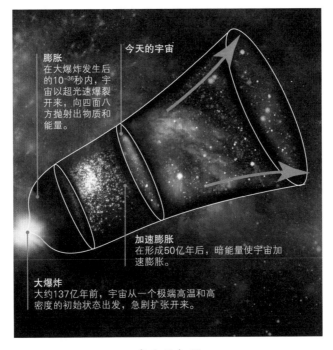

膨胀
在大爆炸发生后的 10^{-36} 秒内,宇宙以超光速爆裂开来,向四面八方抛射出物质和能量。

今天的宇宙

加速膨胀
在形成 50 亿年后,暗能量使宇宙加速膨胀。

大爆炸
大约 137 亿年前,宇宙从一个极端高温和高密度的初始状态出发,急剧扩张开来。

宇宙的起源

◎ 为什么物理学法律是这样的形式？这些物理学定律从何而来？

自然界最大的秘密是所有现象都遵循规律，这些规律在物理学中就是定律，行星遵循万有引力定律围绕太阳转，电子遵循电磁定律和量子力学围绕原子核转，太阳遵循核物理定律发光发热。过去，物理学家和普通人一样，认为物理定律就该是这个样子，从来没有问过物理定律为什么是这样子，还有没有可能是别的样子。物理学和宇宙学的发展使得科学家们开始提出这些问题，而问题的回答可能并不简单，也许是物理学的终极答案。

◎ 宇宙中物质的复杂性的起源

宇宙是复杂的，地球上的很多现象是复杂的，如果没有这些复杂现象，我们的生活就少了很多乐趣，例如美就是建立在复杂现象的基础上的。甚至可以说，没有复杂性，就没有生物，就没有人类、没有喜怒哀乐。物理学家喜欢研究小系统，因为简单。但一个复杂的现象必然与比较大的系统有关，复杂性往往就是系统中很多部分合作产生的。生命的基础建立在蛋白质、基因等大分子和分子集团之上，这些复杂的结构是怎么来的？我们能从简单的物理规律推出它们的起源吗？

◎ 宇宙如何结束？

前面说到，如果暗能量的密度越来越大，我们的宇宙前景可不怎么样，但即使是这样，也要几百亿年甚至上千亿年宇宙大撕裂才会发生。仅就目前我们掌握的情况来看，怀疑宇宙会发生大撕裂有点杞人忧天,要肯定暗能量密度越来越大,至少需要我们做 10 年甚至 20 年的实验。也许暗能量密度不会变大也不会变小,也许会变小,谁知道呢? 西方人特别在乎宇宙未来会不会崩溃或者死寂,哪种结果都是他们不希望看到的。在不远的将来,也许我们能够确定宇宙将如何结束。

◎ 我们的宇宙是经过微调以适应生命和智慧存在的吗? 如果是,为什么?

人的存在在我们眼中是天经地义的,就像日月星辰、山川土地的存在一样自然。物理学学习到一定程度,我们就会知道,世界上有很多存在和现象与物理定律密切相关。如果我们稍微改变一点物理定律,世界可能就完全不同,例如,将万有引力的强弱变化一些,太阳也许还存在,但大小完全不是现在这个样子。将电子电荷变化一点,分子原子的大小完全不同,人类也许因此不复存在。每一个物理定律和物理常数就像一个收音机调台钮,旋动一点,生命和智慧就会消失。

◎ 爱因斯坦的后续者

爱因斯坦毫无疑问是 20 世纪最伟大的科学家,甚至是 20 世纪最著名的人。所以,经常有人问,爱因斯坦之后还有和他一样伟大的科学家吗? 如果有,是谁? 对第一个问题的回答是否定的,从而第二个问题也就变得没有意义了。

爱因斯坦是相对论的唯一创人,是量子理论的创始人之一,而这两个理论是 20 世纪以来物理学的两大支柱。做到其中一点,就会成为不朽的科学家。媒体经常拿霍金说事，认为他是爱因斯坦的继承人。作为一位身体残缺却对物理做出很大贡献的人，霍金无疑值得我们尊敬。他在物理学中最为人称道的贡献是发现了黑洞辐射，这个发现也是理论上的，由于条件所限实验上还没有验证霍金的理论。即使霍金是正确的，这个贡献也无法比拟爱因斯坦的两大贡献。所以，严格地说，霍金虽然可以说是爱因斯坦之后继承爱氏研究的重要科学家之一，却不能说成是他的继承人。谁是爱因斯坦的继承人？当然没有，因为爱氏晚年最大的心愿还没有能够为后人完成：将自然界所有基本物理定律统一起来。

物理定律可以完全统一起来吗？历史的经验似乎支持正方。天体运动的规律和地球上物体运动的规律被牛顿统一起来了，不同的热学现象和化学现象也统一起来了。在19世纪，看上去完全不同的光和电也统一起来了，到了20世纪，亚原子世界的两种力也统一起来了。最后我们问，万有引力和电磁力是同一种力吗？很多爱氏的后继者认为它们一定可以统一起来，虽然直到今天我们还没有能够完成这个伟业。这个尴尬局面为反方提供了嘲笑的把柄。

还有很多人从理论上试图完成这项看上去不可能完成的任务，这些人分成若干派别，其中最大的一派叫超弦派，我就属于这一派。超弦派认为，世界上所有的最小的不可再分的粒子其实是弦，或者类似弦的东西。还有一派认为超弦派走得太远了，他们相信只要将爱因斯坦的理论重新包装一下，然后用一些看上去很抽象的数学折腾一下，就可以成功了。再有一些少数派，基本上在自弹自唱无人理眯。现在看起来,研究粒子的物理学家和研究宇宙的物理学家比较倾向于支持超弦派。也许下一个爱因斯坦会出自超弦阵营,我却不愿意押宝。虽然我将希望寄托在随时可以冒出来的天才身上,我却深刻怀疑伟人的时代已经过去了,就像莎士比亚不可复制一样,爱因斯坦同样不可复制。也许我们每一个人都将是那个"伟人"的一个部分,我们这些坚信宇宙和物理学规律是统一的人,作为一个集体是爱因斯坦的后继者。

　　这个世纪也许在经济上是一个不寻常的世纪,在物理学上,我感觉将是一个令后人觉得了不起的世纪。

创造宇宙

　　几乎每一个神话都有上帝创世说,最著名的故事当然是《圣经·旧约》中上帝用了 6 天时间创造了世界。在中国的神话中,创世的时间要长得多,先是盘古的出生到长大,花了 1.8 万年,然后开辟了天地。印度婆罗门教是梵天创造了世界,而日本神话则用天之御中主神代替了梵天。

　　现代宇宙学虽然不是创世说,有一点和创世说类似,就是我们现在能够看到的宇宙起源于一个有限的时间之前,这个有限的时间大约是 137 亿年,比所有神话传说中的时间都要长。在 137 亿年前,宇宙是一团灼热的气体,温度和密度都是不可想象地高(高到即使现在的恒星内部也不可能达到)。这个名为大爆炸的学说有一个重要之处和炸弹爆炸不同:当炸弹爆炸时,有一个中心点,在这个中心点之外所有的炸弹碎片都向外飞，而中心点原则上是不动的。大爆炸不同，它没有中心点，每一点都在爆炸，很像烤面包，面包的每一块同时在膨胀。和烤面包不同的是，大爆炸时的膨胀速度大得不可想象。

宇宙大爆炸学说在 20 世纪 60 年代之后成为公认的科学，那时大多数人认为这就是宇宙创生的最终答案，不必再追问大爆炸之前发生的事情了。这有点像基督教中的一个说法，如果你敢问上帝在创世之前做了什么，回答是那时他在为敢问这个问题的人准备地狱。但大爆炸的确有一个令人不满意的地方，就是前面说的类似烤面包的图像。为什么在大爆炸发生时我们现在看到的这块宇宙像一块面包一样均匀？为什么大爆炸发生时几乎所有地方的温度和密度是相同的？是谁准备了这个异常均匀的条件？当时在康奈尔大学做资深博士后的古斯（Alan Guth）在听了普林斯顿大学的一位教授的宇宙学演讲之后开始思考这些问题，并很快提出了他自己的回答。这个回答非常简单和巧妙，他说，在热大爆炸之前，宇宙经历了一次极短的但非常快速的加速膨胀，这个加速膨胀将一个很小的区域放大了许多许多倍（大约是一万亿亿亿倍），从而开始时的任何不均匀都被抹平了。当时的天文学界和宇宙学界的很多人认为古斯的理论形同神话，只有研究理论物理的人认真对待他的理论。暴涨理论提出之后没有几年，我在念研究生，很多人对一些对暴涨宇宙论感兴趣的学生说，这是一个画鬼的理论。

二十多年的时间过去了，没有人再说暴涨宇宙论是画鬼的理论，因为越来越多的观测事实支持这个理论,使得暴涨论成为目前宇宙学和天体物理领域最热门的理论之一。古斯显得他思考问题的方式与众不同,因为他敢于问创世之前到底发生了什么这样的问题,他成了一个英雄。

如果真的存在一位上帝,让他准备热大爆炸这样的条件,的确非常困难,因为均匀性的条件实在太苛刻,这就像两列火车相撞,你希望看到相撞的结果不是杂乱无章的,而是一块看起来很匀称的铁块。所以,没有人会问我们能否扮演上帝这个角色,在实验室内实现大爆炸时的物理条件。而暴涨的情况很不同,在暴涨发生的时候,宇宙不需要很均匀,初始条件没有那么苛刻。此时,我们就可以问,人类能够在实验室中实现暴涨发生时的物理条件吗?换句话说,我们能够在实验室中创生一个宇宙吗?这是一个不可思议但十分诱人的问题。还是古斯伙同一位他的麻省理工学院的同事在二十多年前问了这个问题,并作了回答。

很可惜的是,他们的回答是否定的。这并不是说暴涨宇宙发生时我们需要难以想象的高温度、高密度,相反,那个时候温度其实是极低的。能量密度呢?能量密度并不低,但也不需要高到不可想象。困难的不是实现不了高温度、高密度,而是很难实现暴涨发生时需要的一个关键条件:使得一块哪怕是很小的空间加速膨胀。要使得空间加速膨胀,我们需要一种类似现在观测到的暗能量一样的能量。这种能量和物质的能量不同,它会产生负压强。古斯等人证明,实现这个条件的先决条件是在空间中产生一个数学上的奇点。我们知道,物理得以成为科学的限制是不能有这样的奇点,否则什么事情都会发生(在奇点处经典物理定律统统失效)。

古斯等人的"定理"可以看成是一个在经典物理框架中证明的定理。如果将量子物理加进来,很难说我们到底能不能够在实验室中创造宇宙。例如我们可以问,极早期宇宙的暴涨是如何开始的?难道也是开始于一个奇点?如果我们执着于经典物理,这是一个回避不了的答案。但非常有可能,暴涨的起因是量子涨落[①]。

关键问题在于,在这个启动了我们的宇宙的量子涨落发生之前,宇宙是处于什么状态?是什么也没有(霍金的回答)?还是很像我们的实验室,时间正常地流动着,空间看起来也很平凡?

物理学家就暴涨期的起源已经争论了很久。最近,随着观测的进展,这种争论越来越多,也越来越接近可能为观测所证实或证伪的问题。或许我们的宇宙起源于一个寻常的空间,甚至是史前的某个物理学家的实验室中。这个实验家扮演了上帝的角色,他启动了一个量子涨落,在一个极小的空间产生了极大的暗能量,这个暗能量驱动了空间的暴涨,产生了一个新的宇宙。这个新的宇宙的暴涨不会对实验家所处的宇宙产生灾难性的影响,因为新旧宇宙是通过某个

---

① 在量子力学中,量子涨落是在空间任意位置对于能量的暂时变化。量子涨落看似违反了能量守恒定律,但这种涨落发生在空间中的任何地方,而且能量存在的时间非常短,时刻一到,它就要消失。所以在大尺度上,能量守恒定律并没有被破坏。

狭长的桥连接起来的，很像科幻电影《黑衣人》第一集中那条狗脖子上挂的水晶链，里面藏了一个极大的星系。有人甚至猜测，如果我们的宇宙是某个物理学家创造的，他是否在宇宙间充斥的微波背景辐射中隐藏了待解的密码？

暗宇宙

通常，我们将通过天文学的常规手段观测到的物质称为发光物质，或者重子物质。这些物质当然不一定要发光，例如低温气体，发出的也许只是微波；也不一定是重子（质子和中子），例如电子，但我们通常这么称呼参与电和磁过程的物质。

宇宙中的发光物质居然只占 5％不到，这在 10 年前是不可想象的。其余的是什么？如果我们不求甚解，一句话可以概括，就是暗组分，不参与电磁作用，至少不直接参与电磁作用，所以用地球上目前已有的技术，我们根本"看不到"它们。如果我们想了解得稍稍多些，这些暗组分分成两个截然不同的部分，一种叫暗物质，一种叫暗能量。

爱因斯坦相对论告诉我们，物质就是能量，能量就是物质，为什么这里我们要将暗物质和暗能量分开？原因是虽然暗物质也是能量，暗能量也是能量，它们的物理特征完全不一样。暗物质在天文学中的表现行为很像普通的物质，例如它们通过万有引力互相吸引，也与普通物质之间有万有引力，更加"人性化"。可以这么说，有物质的地方就有暗物质。当然，由于暗物质本身比物质还要多（在宇宙中，暗物质大约是物质的 5 倍），有暗物质的地方不见得就有物质，但暗物质和物质处在一个"团队"中，如银河系，如比银河系更大的本星系团。

　　暗能量则不同，它们不特别亲和物质和暗物质，在宇宙间均匀地分布着，哪里有空间，哪里就有暗能量。并且，暗能量之间不存在引力，却存在斥力，这种斥力爱因斯坦早在 20 世纪 30 年代就提出来了，后来与当时的天文观测不符，爱因斯坦放弃了这个建议。暗能量之间的斥力可能导致宇宙膨胀的速度不断地加快。20 世纪的最后 3 年，宇宙学家正是通过发现宇宙在做加速膨胀推断宇宙间充满了暗能量，而且暗能量多于暗物质和物质的总和。这样，爱因斯坦不小心放出的精灵再不能被收进神灯了。

　　我曾经将宇宙的各阶级比喻成和谐社会的各阶级。暗物质比暗能量要少，比物质要多，只能是中产了，物质最少，可以比喻成占少数的富人阶层。比较有意思的是，宇宙学家们也将有暗能量和暗物质的宇宙模型称为和谐宇宙模型，或者一致性宇宙模型。这里的和谐的意思不是说宇宙中的各种成分和谐地相处，而是这个宇宙模型和所有的天文观测一致，不再有明显的矛盾。

天文学家们的数据在这个暗宇宙模型中看起来是和谐了，研究宇宙的理论家们却前所未有地不一致、不和谐起来。我喜欢说有多少宇宙学家就有多少暗能量理论，事实上，暗能量理论的数目也许大于宇宙学家的数目。所以，在各种宇宙学研讨会上，我们经常能看到五花八门的理论，经常看到宇宙学家争论不休。最简单的理论就是爱因斯坦当年的理论，暗能量是一个常数，是单位体积中的真空的能量，永远不变。然而，这种最简单的可能是理论家们最难解释的，为什么真空能存在？为什么真空能这么小（相对地球上常见的能量密度）？但是，为什么真空能又很大（相对宇宙中的平均物质密度）？

暗能量的理论五花八门到宇宙学家可以不顾一切地抛弃物理学中的一些重要假设。例如，有一种暗能量理论认为暗能量的密度会越变越大，最终导致宇宙大撕裂，先是星系团被撕裂，然后是星系被撕裂，然后太阳系被撕裂，最后是原子和基本粒子被撕裂。这种理论虽然违背了一些物理学"常识"，但有些理论家们认为实验方面有一定的证据。我在两年前也提出了自己的暗能量理论，认为暗能量的大小由宇宙的某种尺度决定，这个理论的基础是所谓全息原理：宇宙可以用包含宇宙的一个球面来描写，换句话说，宇宙中进行的一切可以被忠实地投射到它的一个"人为"的边界上。

决定所有假设命运的是未来的实验。目前，理论家们的处境可以通过修改一句诗来概括："暗宇宙给了我一双黑色的眼睛，我却用它寻找光明。"自然，这光明就是暗宇宙背后的那个深刻的物理规律。

雀巢巧克力的秘密

雀巢产品自从 1988 年首次在中国设厂,中国人很少有不知道的,最为流行的还是雀巢速溶咖啡。"雀巢咖啡,味道好极了",也许是流传最广的广告语。雀巢咖啡在中国的大行其道,还是得力于中国咖啡文化的原始性,因为真正喜欢咖啡的人还是喜欢现煮的新鲜咖啡,而不是速溶咖啡。雀巢的品牌虽然有一个多世纪了,我最近才知道雀巢奇巧巧克力的生产也是从 1988 年开始的,该产品本来是英国糖果公司能得利的产品。

和奇巧巧克力一样有名的是气泡巧克力(Aero chocolate),这种巧克力内部充满气泡,有点像蜂巢。如何在巧克力内部形成分布均匀的蜂巢至今是不传之秘。根据一个物理博客 Bee 的说法,这种巧克力即使是实心部分可可的含量也不算多,大部分是暗物质,是我们不知道成分的物质。我在网上查了一下雀巢的中文网站，发现有五大类雀巢巧克力，却没有气泡巧克力。估计中国和美国一样，人们更讲究实在，不喜欢大部分是真空的巧克力。

其实在宇宙中，所谓真空也充满了能量，虽然能量密度非常低，大约只有每立方厘米 10—29 克，也就是说，宇宙平均起来每立方米只有几个质子。但由于"真空"占的体积非常大，所以这种真空暗能量占宇宙的总能量近 75％，剩下的 25％大部分是暗物质（不发光只有引力相互作用的物质），最少的部分是类似组成我们身体的可见物质。所以，Bee 说，我们的宇宙很像雀巢的气泡巧克力。

将宇宙比喻成巧克力易于大家理解我们的宇宙。在和谐宇宙模型中，74％是暗能量，22％是暗物质，4％是普通物质。

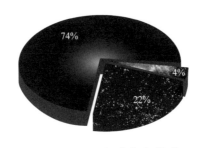

和谐宇宙模型

比喻说完了，我们聊几句宇宙中的暗物质本身。暗物质存在的主要证据是星系（如银河系）的转动速度和星系在星系团中的转动速度。星系的转动速度就是恒星绕着星系的中心运行的速度，根据牛顿万有引力理论，这和恒星离星系中心的距离以及在此距离之内的物质质量有关。早在 20 世纪 30 年代，瑞士天文学家弗里茨·兹威基（Fritz Zwicky）就发现，可见的物质不足以解释某些星系的转动速度，从而提出了暗物质假设：在可见的物质外，还存在看不见的物质。经过几十年的研究，人们发现，暗物质不是一般地暗，是非常地暗，除了改变引力场之外，暗物质和物质之间，暗物质和暗物质之间，基本没有相互作用。

有人通过改变牛顿万有引力公式来代替暗物质解释星系的转动速度，在一段时间内，这个可能性还不小。最近，天文学观测到一颗子弹星系团碰撞事例，支持暗物质的存在，不支持那些修改的引力理论。看来，最简单的暗物质假设是最可靠的理论。

暗物质到底是什么？我们只能肯定它不是什么。例如，我们肯定暗物质不是普通的物质，但不能排除它可能是和物质类似的，没有什么电磁作用的物质，虽然这种可能性并不大。有人还推测暗物质是不发光的小天体，这个可能性也不大。我们知道，中微子是已知粒子中最"不可捉摸"的粒子，和物质的相互作用非常微弱（一束中微子需要 1 光年厚的铅才能被吸收一半）。但中微子太轻，不大可能与星系结成一个团。看来，暗物质是我们在实验室中还没有发现的粒子的可能性最大。

目前，粒子物理学家们最喜欢的暗物质粒子候选者有两个，一个是轴子（axion），这种粒子甚至比中微子更加"不可捉摸"，轴子的命名者是诺贝尔奖获得者弗朗克·韦尔切克（Frank Wilczek）。目前，有很多实验试图探测到轴子，甚至有些实验已经声称探测到了轴子，比如 DAMA，一家位于意大利大萨索山的实验室。但这些声称没有被其他实验所证实。另一个大家都很喜欢的暗物质候选者是超对称理论中的最轻的中性粒子，这种粒子的探测则需要高能加速器。

宇宙这块超级气泡巧克力的主要成分比雀巢气泡巧克力的成分还要神秘，我们现在主要研究活动的目的之一，就是企图让上帝交出他制造这块巧克力的配方。

探测宇宙最初一刹那

一门学科成熟的标志是研究进入误差很小的定量化阶段。仅仅是 20 年前，我们还不能说宇宙学是一门严密的学科，因为那时许多重要的宇宙学参数还非常不确定。我们可以举一个例子看看宇宙学那时是一个什么样的状况。大家都知道宇宙在膨胀，膨胀的最重要的标志是远方的天体在退行，越远的天体退行的速度越快——这就像一个膨胀的气球，气球上的任意两点之间的距离都在变大，本来距离较大的两点以较大的速度相互离开。天体和我们之间的距离每增大一倍，其退行的速度就增大一倍，这就是有名的哈伯定律。决定宇宙膨胀速度的叫哈伯常数，这个常数的测量在宇宙学史上一直是一个核心问题，20 年前的测量误差是 100％。

今天，哈伯常数的测量已经可以精确到 2％以内，具体数值大约是：距离我们有 100 万光年的天体相对我们的退行速度大约是每秒 22 千米。我们可以想象，如果这个常数的测量不够准确，那么许多我们关心的数据也不会准确。例如，哈伯常数直接决定了宇宙的年龄。如果哈伯常数的精确度只有 100%，那么宇宙年龄的准确度大约也是 100%。这个范围太大了，如同我们说一个女孩的年龄在 10 岁到 20 岁之间。

　　直到 10 年以前，我们一直觉得过去宇宙膨胀的速度比现在膨胀的速度要大，而未来的膨胀速度要比现在的速度要小。所以，大爆炸发生的那一刻宇宙膨胀的速度最大。这种观念和万有引力很符合，因为既然物体之间存在的万有引力是吸引力，那么这种吸引力只能将物体之间的退行速度降低。宇宙学的观测手段的发展在 10 年前完全革新了我们的误信，就是说，现在宇宙的膨胀速度不是越来越小，而是越来越大。这是非常反直观的现象，最合理的解释是宇宙间除了万有引力之外，还存在着一种无所不在的斥力，是这种斥力在宇宙的尺度上克服了万有引力，导致宇宙的加速膨胀。这个革命性的结果被多种观测手段所证实，正是这些观测手段同时帮助我们精确测量了宇宙膨胀速度、宇宙年龄和其他一些重要的决定宇宙图像的物理量。我们今天要介绍的，是这些手段中的一种也是最重要的一种，测量宇宙中弥漫的微波背景辐射的微小涨落。

　　那么，什么是微波背景辐射？什么是微波背景辐射的涨落？这些涨落的测量又意味着什么？我们要从头谈起。1964 年，彭齐亚斯[①]和

---

① 　彭齐亚斯(1933～　)，美国射电天文学家，美国国家科学院院士。

威尔逊①无意之间发现了弥漫在空间所有方向的微波辐射,这种辐射对应的温度很低,后来被确认为宇宙间无所不在的微波背景辐射。微波背景辐射正是大爆炸理论预言的宇宙在大爆炸时期遗留到今天的遗迹。彭齐亚斯和威尔逊的发现是现代宇宙学的开端,他们也因此获得诺贝尔物理学奖。微波背景辐射是一种特殊的辐射,叫黑体辐射,这是有着固定温度的辐射。当天文学家将各种不同的微波探测器对准天空深处的时候,他们发现,微波辐射的温度在天空的所有方向上几乎完全一样,都是 2.725 开尔文。这里开尔文是温度的单位,冰点的温度是 273.15 开尔文,说明微波辐射的温度远远低于冰点的温度,这说明宇宙是一个很空很冷的地方。1990 年代初的一项实验发现告诉我们,几乎完全均匀的微波辐射有着非常微弱的不均匀性,温度的涨落只有 18 个微开尔文。换句话说,温度的涨落只有十万分之一。这个发现被授予了 2006 年诺贝尔物理学奖。授奖的一个重要原因是,这项发现再次证实了大爆炸理论,因为大爆炸理论预言了微波辐射的涨落,这种涨落是宇宙在婴儿期产生的涨落的遗迹。

大爆炸宇宙论中有一个非常重要的领域,是研究宇宙间的结构如何产生的,如恒星的起源,像银河系一样的星系的起源,以及由一些星系组成的星系团的起源,这些结构在宇宙学中统称为大尺度结构,因为涉及的尺度非常大,经常在百万光年以上(1 光年是光走了 1

---

① 威尔逊(1869~1959),英国物理学家,于 1927 年获诺贝尔物理学奖。

年的距离，大约是 9 万亿公里）。最初，有很多学说解释这些结构如何产生于宇宙创生的不久之后。这些学说的共同之处是假定宇宙中的一切不均匀性，包括物质组成的星系、星系团，以及微波背景辐射中的不均匀性，都来源于宇宙在极早期的原始不均匀性。爱因斯坦的引力理论告诉我们，宇宙中任何不均匀性都会导致引力的不均匀性，而引力的不均匀性也会反应在微波背景辐射中。可以说，被探测到的微波背景辐射的不均匀性虽然非常小，却是宇宙留给我们的最原始的化石。

就像考古学家能够从化石的研究中发现生物的进化历史，宇宙学家也能够从微波背景辐射的温度涨落中分析出宇宙的进化历史，甚至能够帮助我们精确地测定宇宙演化的一些重要数据，例如我们前面提到的宇宙膨胀速度和加速度，宇宙年龄，宇宙中的平均物质密度，以及导致宇宙加速膨胀的一种过去闻所未闻的能量：暗能量。

美国在 2001 年 6 月发射了一颗卫星，专门用来探测微波背景辐射的涨落，就是维尔金森各向异性探测器（WMAP）。这颗重量近一吨的卫星被发射到位于太阳和地球之间的一个特殊点，叫做拉格朗日点，这个点上，来自太阳的对卫星的引力正好抵消来自地球对卫星的引力，使得卫星相对地球静止，这个点离地球大约是 150 万千米。该探测计划的负责人是约翰·霍普金斯大学的查尔斯·本内特。这个探测器的任务就是精确测量天空上分隔 180 度至 0.25 度的任意两个方向的温度差。测量的最终结果可以用一个全天温度图来表示（其实探测到的是五个波段的微波温度，可以用三个图来表示）。经

威尔金森各向异性探测器

过一年的观测和半年左右的数据研究,这个研究小组在 2003 年 2 月发布了他们的重要结果。

此后,WMAP 又两次公布了后续观测结果,分别是 3 年观测的结果和 5 年观测的结果。下面以及后面的几段我们简要介绍一下 WMAP 5 年观测所获得的主要物理结论。宇宙在最开始的时候发生了一次热大爆炸,在此期间,所有基本粒子以接近光速的速度运动。不但如此,在热大爆炸之前,宇宙很有可能经历了一次剧烈的膨胀时期,这个膨胀时期非常短,只有 10^{-32} 秒甚至更短(作为对比,地球上最精确的时钟误差是每天 1 阿秒,即 10^{-18} 秒)。在如此之短的时间

微波辐射各向异性图

内，宇宙在尺度上膨胀了至少 10^{26} 倍。这个剧烈膨胀假说是美国人阿伦·古斯（Alan Guth）在 1979 年提出来的，当时他希望能够用这个假说解释我们看到的宇宙为什么几乎是均匀的，特别是微波背景辐射的近乎完美的均匀性。这个假说现在几乎为 WMAP 和其他实验所证实，在这些令人激动的观测和实验之前，理论家们做了很多研究，将古斯的假说通称为暴涨宇宙论。暴涨理论不仅解释了我们的宇宙为什么能够膨胀到如此之大，还能解释宇宙中恒星、星系形成所需要的不均匀性。前面我们已经提到，这些不均匀性和微波背景辐射中的微弱不均匀性来源于同一个物理原因。而这个原因，就是暴涨时期时空的量子涨落。

在极短的暴涨期间，宇宙几乎是冷的，没有任何物质，只存在着一种奇怪的能量，其性质非常像现在宇宙间的暗能量，但暴涨期的"暗能量"密度非常大，是现在暗能量密度的 10^{100} 倍左右。在暴涨结束的时候，驱动宇宙暴涨的能量转化为粒子的能量，在这个时候，热大爆炸宇宙才真正开始,宇宙间充满了以光速运动的粒子。这些粒子包括了所有已知的粒子,还有一些未知的粒子——就是组成暗物质的粒子。这些粒子经过核合成形成氢和氦这些轻元素,这些元素的丰度现在能够测得很准,并且我们能够通过现在的丰度推出过去的丰度,在计及丰度的演化之后。轻元素的丰度的计算也是大爆炸学说的重要证据。大约 38 万年后,宇宙中的质子和电子组成氢原子,宇宙开始变得透明,也就是说 WMAP 探测到的光子是从那个时候发出的。

此后最初的恒星开始形成,最初的星系也开始形成,当宇宙还是现在的一半大小左右时,宇宙中的暗能量开始超过物质密度(包括一般的物质和暗物质),宇宙的膨胀速度逐渐开始加速。到了今天,宇宙的年龄大约是 137.3 亿年,误差是正负 1 千万年。宇宙学预言了中微子背景辐射,很像微波背景辐射,但目前还没有办法直接探测到这种辐射。WMAP 可以说间接地看到了中微子背景辐射,对中微子的种类作出限制,大约有 3 种轻中微子(即这些中微子今天的速度接近光速),这和粒子物理中的标准模型很接近。

对于宇宙学家来说,最有意思的还不是上面的那些结果,因为那些结果和 WMAP 的 3 年观测的结果相差不大。宇宙学家和理论物理学家希望 WMAP 新的结果能够帮助他们了解更多的关于暴涨时期的信息,以及了解物理学中的一些最为基本和微观的规律。自从古斯建立了暴涨宇宙的概念后,物理学家们提出了很多不同的具体暴涨模型,不下一百多种。作为理论家,我们非常希望实验和观测能够帮助我们在这些众多的可能性中选出一种。这个希望在现在看来还过于奢侈，但是，WMAP 已经能够排除一些暴涨模型。相比其他实验，这已经是令人乐观的进步。

微波辐射涨落的一个特殊性质是高斯性，即涨落的大小分布是高斯分布，这是著名的钟形线分布。涨落的钟形线分布也是传统的暴涨模型所预言的。新结果中最具吸引力的发现是涨落的钟形线分布也不是绝对的，有所谓非高斯性，使得涨落的分布不再那么对称。如果这是真的，那么很多传统的暴涨模型将被排除，基于我们传统微观物理的模型基本不能解释这种不对称。对于我来说，这很可能是揭示新的物理规律的开端。事实上，研究弦论和量子引力的物理学家们早就期望微波背景辐射更加精确的测量能够为我们指出一条通向统一所有微观物理规律的道路，因为最早期的宇宙和最微观的物理有不可分割的关系。我对宇宙学的进一步实验抱有很乐观的态度，这些实验和欧洲核子中心即将运转的大型强子对撞机一道将会带我们进入一个新的物理学黄金时代。

宇宙中的那些空隙……

你知道吗，你看到的天上的星星、银河、数不清的类似银河的星系，其实只占整个宇宙能量的很少一部分。精确地说，只占 4% 左右，其余的 96% 是无论用肉眼还是用望远镜等寻常手段都看不到的能量。

其中，所谓暗能量占了 74% 左右。暗能量是一种均匀地充满宇宙的能量，目前，观测它的方式都是间接的。

那么，宇宙学家是如何发现暗能量的呢？

这需要先回顾一下我们宇宙的历史和整体图像。

首先，我们的宇宙过去和现在一直在膨胀。这是所谓大爆炸学说给我们的图像。虽然我们不可能回到过去亲眼看到宇宙是如何大爆炸的，但很多观测证据支持这个学说。例如，很多遥远的天体正在

远离我们,大爆炸学说的其他一些推论也被观测证明了。

要确定宇宙具体是怎么膨胀的,最直接的方式就是测量天体之间的距离是怎样随时间变化的,这就像测量一个吹大的气球上的两个点的距离一样,将距离随时间的变化规律得到了,气球是怎么变大的也就明确了。

但是,我们不能真的去用尺子量天体之间的距离,因为宇宙是这么庞大,一般的星系之间的距离是这么遥远,谁也没有那么长的尺子。

宇宙学家用的办法是找出宇宙中的"路灯",这些"路灯"就像大街上的灯一样,亮度一样。我们根据路灯在我们眼里的亮度就可以算出它的距离,距离越远,看到的亮度就越暗。将看到的亮度和真实的亮度比较,就能算出路灯的距离了。但是,宇宙中并不存在亮度完全一样的天体。接近标准亮度的天体是一种叫作 IA 型超新星的天体。这些天体的亮度非常大,以至于即使它们距离我们有上百亿光年,我们都能用大型望远镜看到它们。

通过测量超新星的亮度,我们可以估计出它们离我们有多远。另外,通过测量它们的光谱,我们还可以计算出它们相对于我们退行的速度,这样,我们就可以总结出宇宙膨胀的规律。

1998 年前,科学家一直以为宇宙是在做减速膨胀,也就是说,过去的膨胀速度比现在的膨胀速度大。这种减速膨胀理论与万有引力理论一致。牛顿的万有引力告诉我们,世间所有物体之间存在引力。到了宇宙尺度上,也只有万有引力才能主导天体之间的运行,包括宇宙膨胀。理解宇宙为什么减速膨胀很简单。设想我们向上抛一只苹果，苹果开始的时候以一定速度上升，由于地球的引力作用，上升的速度越来越慢，最后甚至开始下落。同理，天体之间的万有引力作用使得它们之间分开的速度越来越慢，这就是减速膨胀。到了一定时刻，天体之间的距离反而会变得越来越小，这就意味着宇宙开始收缩了，这很像苹果开始下落。

宇宙减速膨胀主导了宇宙学家们的视野几十年。直到 1998 年，情况才突然变化，这就是令人吃惊的宇宙加速膨胀的发现。

在几个月中，这个爆炸消息传遍了整个科学界，但没有多少人相信，因为万有引力这个概念实在太深入人心了。

美国的两组宇宙学家正是通过测量一些 IA 型超新星得出宇宙在做加速膨胀这个结论的，他们发现一些超新星的亮度以及退行速度之间的关系与做减速膨胀的宇宙完全不同。两个小组的领导人分别是亚当·里斯（Adam Riess）和索尔·珀尔马特（Saul Perlmutter）（两人均是 2011 年诺贝尔物理学奖获得者）。

宇宙加速膨胀是一件非常离谱的事情，就像我们抛起苹果，这个苹果在空中不但不减速最后落地，反而以越来越大的速度远离我们而去。谁看到这种现象都会目瞪口呆。

可是，在现代物理学中，我们却能很好地解释这种现象。爱因斯坦在 1917 年用他最具想象力的物理理论——广义相对论——来研究整个宇宙的时候发现，如果只有万有引力，他的理论和牛顿的万有引力理论一样，只允许一个动态的宇宙。也就是说宇宙不是减速膨胀就是加速收缩，这是由引力的性质决定的。那个时代，宇宙学的研究少得可怜，更没有什么大爆炸宇宙学说，爱因斯坦自然地和其他人一样，认为宇宙是静态的（就像我们夜晚仰望天空，没有看到星星离我们而去，第二天晚上再看，恒星基本还在原来的位置，因为比较近的天体确实没有远离我们而去）。所以，他必须引入一种新的斥力来平衡物质和天体之间的引力。很巧合，在他的著名方程中，可以加上一个很自然的项，这一项产生斥力，而且这个斥力与物质无关，即使宇宙是空的，斥力也存在。这就是著名的爱因斯坦宇宙学常数。

当然，要取得引力和斥力之间的平衡，宇宙中的物质密度不能是任意的，这一点，估计爱因斯坦也不会满意的。后来，哈勃发现了宇宙在膨胀，爱因斯坦自然就放弃了他的斥力假说。我们可以想象，假如物质不够多，引力小于斥力，宇宙就会加速膨胀。当然，苹果不会离我们加速而去——这是因为地球的局部引力远远大于宇宙中的平均引力，但遥远的天体会离我们加速而去。

在爱因斯坦之后，很少有人会严肃对待宇宙是加速膨胀的这种可能，直到 1998 年，有了里斯和珀尔马特等人的发现。

除了著名的宇宙学常数，人们将所有可能导致宇宙加速膨胀的能量叫作暗能量。

那么，为什么在暗能量这个词汇中出现了"能量"？宇宙学常数是一种能量吗？回答是：是的，宇宙学常数是一种能量。

在现代物理学中，我们知道，真空不空。在真空中，永远有一些基本粒子突然出现和突然消失，只是突然出现和消失之间几乎没有时间间隔,我们感受不到。这些突然出现和消失的粒子,会带来能量,这些能量通常不可抽取出来以资利用,所以我们也感觉不到。

但是,万有引力既然是万有的,真空能量也会产生力。奇怪的是,真空能与寻常的物质能量不同,它产生的是斥力。所以,我们可以将爱因斯坦宇宙学常数解释为真空能,它们产生的斥力完全一样,难以区分,所以在物理学上就是同一回事。

但是,物理学家还不知道如何精确地计算真空能。所以,真空能到现在还是一个谜。甚至,我们也不能肯定它到底是不是一个常数,也就是说,宇宙在很久以前的真空能和现在的真空能一样大吗?还是过去的大一些,现在的小一些?还是恰好相反,过去的小一些,现在的大一些?

既然我们不知道真空能到底是怎么一回事,我们就习惯将所有可能的真空能叫暗能量。之所以是暗的,是因为真空能无法用通常的力学手段、光学手段或者不论什么样的手段加以利用,也就是说,它除了对宇宙提供无所不在的斥力,几乎没有其他任何功能。

暗能量的起源一定具有我们现在难以预见的奇妙图景。暗能量本身的特点就够令人惊奇的了。例如,尽管宇宙在不断膨胀,但暗能量的每单位体积中的能量似乎不随时间的变化而减少,这似乎违背能量守恒原理(我们的常识是,当一个气体膨胀时,气体的密度会越来越小)。但在抽象的、难以用日常语言解释的层次上,能量守恒原理并没有被破坏。

我个人倾向于一种非常特别的观点,即暗能量的密度是随时间

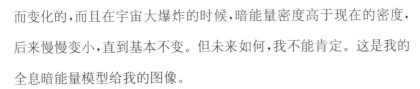

而变化的，而且在宇宙大爆炸的时候，暗能量密度高于现在的密度，后来慢慢变小，直到基本不变。但未来如何，我不能肯定。这是我的全息暗能量模型给我的图像。

暗能量到底会怎么变化，理论家说了不算，还需要宇宙学家制造很大的望远镜和其他设备来观察。接下来，有就待于欧美在未来 10 年到 20 年中的一些大型计划。

暗能量研究不仅涉及到宇宙的终极未来，也涉及到物理学的根基，将是物理学和宇宙学未来数十年中的基本问题之一。

万点千星明复谢

科学文明史上最重要的发明之一是望远镜,伽利略用望远镜发现了月亮上的环形山,发现了土星环。21世纪之前,人类将望远镜越造越大,看得也就越来越远,我们不仅看到了银河系中更多的天体,我们还发现在银河系之外还有更大的空间,更多的星系,存在更多难以想象的不同的天体。

人们在20世纪建造了超出可见光波段范围的望远镜,先是在1930年代造出射电望远镜(频率低于可见光),然后在1960年代造出X射线望远镜(频率高于可见光),这些望远镜发现了更多的不同的天体。射电望远镜还帮助我们看到了宇宙微波背景辐射,从而提供了一个支持宇宙大爆炸最重要的证据。从X射线开始的更短波长的电磁波容易为大气吸收,必须借助人造卫星将探测器送到太空,我们才能接收到天体发射出的射线。

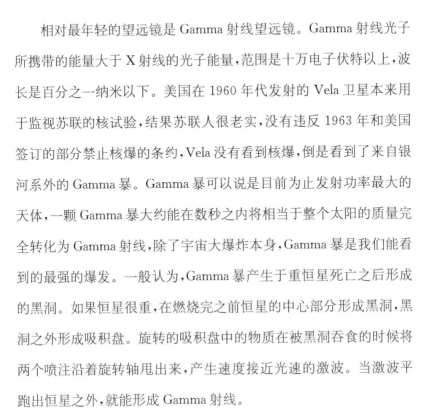

相对最年轻的望远镜是 Gamma 射线望远镜。Gamma 射线光子所携带的能量大于 X 射线的光子能量,范围是十万电子伏特以上,波长是百分之一纳米以下。美国在 1960 年代发射的 Vela 卫星本来用于监视苏联的核试验,结果苏联人很老实,没有违反 1963 年和美国签订的部分禁止核爆的条约,Vela 没有看到核爆,倒是看到了来自银河系外的 Gamma 暴。Gamma 暴可以说是目前为止发射功率最大的天体,一颗 Gamma 暴大约能在数秒之内将相当于整个太阳的质量完全转化为 Gamma 射线,除了宇宙大爆炸本身,Gamma 暴是我们能看到的最强的爆发。一般认为,Gamma 暴产生于重恒星死亡之后形成的黑洞。如果恒星很重,在燃烧完之前恒星的中心部分形成黑洞,黑洞之外形成吸积盘。旋转的吸积盘中的物质在被黑洞吞食的时候将两个喷注沿着旋转轴甩出来,产生速度接近光速的激波。当激波平跑出恒星之外,就能形成 Gamma 射线。

在太空中,只有部分 Gamma 射线来自于 Gamma 暴。当带电的宇宙线轰击星际中的气体时,也会产生 Gamma 射线,宇宙线轰击产生的高能光子使得银河系的平面产生一个 Gamma 射线亮带。另外,脉冲星和活动星系的中心也会辐射 Gamma 射线。人们期待,充满宇宙间的暗物质粒子相互湮灭时同样会产生高能光子即 Gamma 射线。

前段时间,美国有一个专门用于探测 Gamma 暴的卫星天文台,叫做康普顿 Gamma 射线天文台。我们知道,美国的另一个著名的空间天文台是哈勃望远镜,康普顿天文台是继哈勃望远镜美国发射的另一个大型空间天文台。康普顿同学生前研究 Gamma 射线很有心得,所以这颗卫星以他的名字来命名。康普顿平均每天看到一颗Gamma 暴。康普顿天文台在 2000 年 6 月完成使命后返回地球。

从各方面来看,康普顿天文台所能完成的科学任务极为有限,所以,从 1993 年开始,美国航天局和能源部以及欧洲和日本的一些部门合作,计划发射一台能力更强的 Gamma 射线望远镜,这台望远镜的全称是 Gamma 射线大视场太空望远镜(Gamma-ray Large Area Space Telescope),简写为 GLAST,经过整整 15 年的准备,这台望远镜终于在 2008 年 6 月 11 号被发射上天。GLAST 每 95 分钟绕地球一周。说 GLAST 是望远镜其实并不准确,因为这颗天文卫星携带两台探测器,一台叫 LAT,即大视场望远镜,能观测到光子的最高能量达到 3 千亿电子伏特,是康普顿望远镜的 10 倍;另一台叫 GBM,即 GLAST 爆发监测器,这台探测器能够探测到的光子的能量要低得多,它的主要任务是探测 Gamma 暴。

GLAST 的科学任务主要有三个:第一是揭开活动星系核、脉冲星和超新星加速粒子的机制,不论是活动星系核还是超新星都可能涉及到黑洞吞噬物质并吐出巨大的能量;第二是确定 Gamma 暴产生巨大能量的机制;第三是探测暗物质粒子,因为当暗物质粒子碰撞湮灭时,产生与这些粒子质量相当的光子。所以,这些高能光子的能量的确定将帮助我们确定暗物质粒子的质量。我们知道,宇宙中所有的能量绝大部分贮存在暗能量和暗物质之中。

其实,GLAST 对 Gamma 暴的研究也许能够帮助我们研究暗能量的本质,不仅仅是暗物质。暗能量产生斥力,使得宇宙膨胀的速度越来越快。10 年前，宇宙学家借助超新星发现了宇宙加速膨胀，但超新星有很大的局限，一来我们能够观测到的数目不够多，二来它们还不是最远的天体。为了更加精确地确定宇宙膨胀的历史和现在的加速度，我们需要更多和更远的天体，而许多 Gamma 暴恰恰是这样的天体。所以，我们期待 GLAST 在观测 Gamma 暴的同时能够更加精确地确定宇宙的膨胀历史。

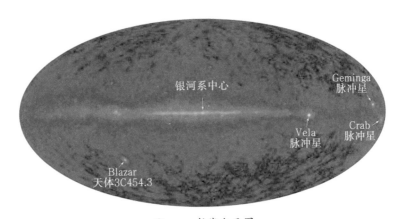

Gamma 射线全天图

在运行两个多月后，GLAST 获得了很好的科学数据。例如，他们公布了一张 Gamma 射线全天图（上图），这张图仅仅是 95 个小时的观测结果，而过去的康普图天文台需要数年的时间才能绘制一张类似的图。这张图显示，和预计的一样，在银河系平面上有一条 Gamma 射线亮带。此外，还有 4 个亮点，其中 3 个是已知的脉冲星，第 4 个亮点是一个活动星系，距离我们有 71 亿光年那么远。后来，GLAST 被重新命名为费米 Gamma 射线空间望远镜，以纪念首先提出宇宙线加速机制的物理学家费米。

生活中的对数

　　我觉得如果将生活中的一些经验数字化的话，刻度应该是对数而不是实际数字。天文学中经常用对数作为坐标，因为涉及到的数字跨度太大。例如，从太阳系的大小（以冥王星为界）到银河系的大小跨度大约是 8 个量级，很难用数字直接比较。

　　天上看到的星星的亮度也是用对数分等的，通常用的星等是1850 年普森（Pogson）①制定的，如果两颗星的亮度差一等，其实是差了 2.512 倍。天上最亮的星大约是－1 等，太阳的（目视）星等是－26.75，比最亮的星低（其实是高）25 等，也就是差了 10 个量级。满月的星等是－12.6，比太阳其实暗了 100 万倍左右，只是我们并不觉

----

　　①　1850 年，天文学家普森（Pogson）在此基础上建立了星等系统，定义星等相差 5等的天体亮度相差 100 倍，即星等每相差 1 等，亮度相差 2.512 倍。

得。可见，眼睛看到的亮度观感是比较接近对数的，否则如果我们以白天的亮度为标准，那么即使是满月的晚上也可能是满眼漆黑。

人的眼睛不仅对亮度是对数的感受，我觉得对物体的大小也是对数的感受。我们在测视力时用的视力表，上一行的 E 字要比下一行的 E 字大固定的倍数——这是我的猜测，需要专家来确认。其实视力表又叫对数视力表，对数视力表中相邻的两行相差 1.259 倍，也就是说，每十行相差十倍。而视力用视标来记录，每增加一行，视标增加 0.1，这显然与 E 的大小成对数关系了。

我们人类很善于利用对数，我开始怀疑除了视觉外，听觉、味觉、触觉都有对数的因素，否则就很难理解为什么我们对同类也喜欢用对数分等。果然，查一下噪音的单位分贝，原来也是对数。声音的响亮度用声音对耳朵产生的压强来刻画，基本单位是巴斯卡和微巴斯卡。人的听觉范围非常大，从 20 微巴斯卡到 20 亿微巴斯卡，跨度是 8 个量级。显然，还是用对数来标度响亮度比较方便，就有了分贝（dB）这样的单位。人的最低听觉阈值是 20 微巴斯卡，这个响亮度定为 0 分贝，人能分辨的最高响亮度为 130 分贝。这样，和星等一样（两个相等星等的星加在一起所得的星等数，不是将两个星等数简单地相加），两个相等分贝的音源加在一起所得的分贝数，并不是简单的一个音源分贝数的两倍。例如，60 分贝加 60 分贝的结果是 63 分贝，而不是 120 分贝。

将视觉和听觉推广到味觉，那么如果我们感到一种辣椒比另一种辣椒的辣度高一倍，很可能更辣的辣椒所含的导致辣感的成分要高得多。和视觉以及听觉不同，这次我没有去查支持我猜想的材料。

我还有一个非常民科的猜想，我觉得智商到了一定程度也是对数的，例如智商110的人比100的人聪明了不是10%，而是若干倍，同理，智商150的人比智商140的人也聪明了若干倍。这个倍数是很主观的，与人数比例无关。当然，我的这个猜想是非常政治不正确的，觉得自己的智商较低的人有理由反对我。

我前面说到我们在与同类打交道时，也喜欢用对数对同类做分类或分等级。从乐透彩到各种大小奖励，一等奖和二等奖之间的差别是很大的。有时为了强调少数人的幸运，我们还会设特等奖，当然这是变相的一等奖。在这种情况下，如果我中了三等奖，其实已经泯然众人了。在每一个行当中，特别是那种有明星效应的行当，对数的分类也难避免。例如演员，一线演员和二线演员之间的差别也是很大的。

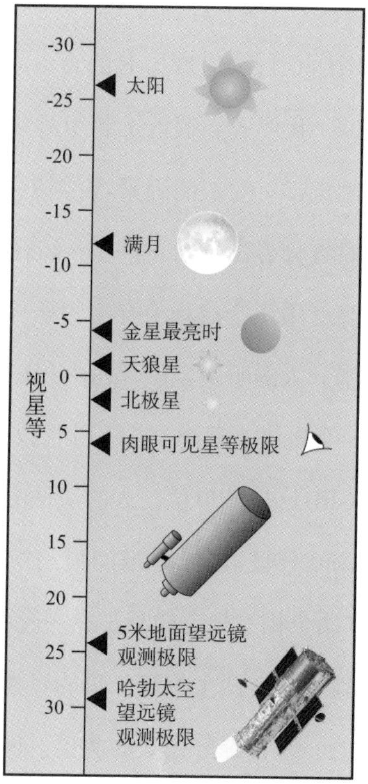

星等

朗道①同学更用对数来分类物理学家，朗道等级的基数是10。在

① 列夫·达维多维奇·朗道(Lev Davidovich landau，1908—1968)，苏联人，被称为世界上最后一个全能的物理学家。

他的分等中，爱因斯坦是 0.5 级的，玻尔、海森伯、狄拉克是 1 级的。不过，如果爱因斯坦是 0.5 级的，那么在他的那个等级中的人应该有 3 人左右，另外两人是谁呢？我觉得爱因斯坦的伟大即使是朗道在当时也没有完全感受到，按照今天的眼光，爱因斯坦应该是 0 级的，如果这么分，那么玻尔、海森伯、狄拉克等人应该是 0.5 级的。1 级的物理学家，我觉得后

朗道

来的费曼和朗道等人应该能够进入，加上一些发现标准模型的人以及凝聚态物理里面的少数人。

我既提到智商又提到智慧——朗道等级其实是对智慧的划分。智商与智慧之间有一定的关联，但没有绝对的一一对等的关联。我对智商的对数猜想很难用占人群比例来作为计算的基础，因为所谓智商的高斯分布与对数之间没有简单的关系。但朗道等级似乎很合理，智慧也似乎是可以取占人群比例的对数来计算等级的。

对数划分法不仅仅用在精英身上，也用在更大的人群上。例如，Google 发明的 PageRank（网页排名）大约是个对数的划分，但不是数值越小越好，而是数值越大越好。一个网站或一个博客可能得到的最大的 PageRank 是 10，最小的是 0。

中国神话中的现代宇宙学（一）

这是戏说。

如果有人本着实事求是的态度以历史专家的身份质疑，我们表示欢迎，但不接受任何批评。

有人考证，中国最古最老的神是浑沌。

《庄子》说，中央之帝为浑沌。关于浑沌的记载似乎不多，这就留给我们很大的想象空间。

浑沌统治的时候，应该对应于暴涨期结束到光子退耦的时代，前后大约 38 万年，光子退耦了，浑沌也就死了——神也会死的，所以浑沌活了 38 万年。

《庄子》还说，倏与忽谋报浑沌之德，曰："人皆有七窍，以视听食息，此独无有，尝试凿之。"日凿一窍，七日而浑沌死。看来浑沌就是这么死的。

（这个七日看起来很熟悉，因为旧约也说上帝创世费了七日的工夫，上帝说要有光，于是光子开始退耦。）

我估计倏和忽是浑沌的两个儿子。如果我没估计错的话，一个统治物质，一个统治辐射。庄子的时代科学不发达，他以为倏是南海之帝，忽是北海之帝。浑沌的时代，和光同尘，天地没有结构，哪来的南海和北海？

浑沌先生是不是无性生子，我们无从查考。在他7万岁的时候（如果以人生100岁来计算，他还不到20岁），物质和辐射一样多了，他决定生子，于是倏和忽诞生了。

我们不知道倏和忽活到了什么时候，也许现在还活着。他们远比老爸长寿，虽然他们的名字看起来是短命的。

浑沌在垂老的时候，生了幼子，他的名字叫盘古。《三五历纪》中说："天地浑沌如鸡子，盘古生其中。万八千岁，天地开辟，阳清为天，阴浊为地，盘古在其中，一日九变；神于天，圣于地，天日高一丈，地日厚一丈，盘古日长一丈。如此万八千岁，天数极高，地数极深，盘古极长。"

很明显，在浑沌死前一万八千年，盘古出生了。这段时间，也许对应于光子退耦之前最后散射发生的不确定时间。

问题来了，到底是倏、忽两位老哥谋杀了老爸，还是盘古老弟为了开天辟地杀死了老爸？这是宇宙有史以来的第一个谜，又叫宇宙学第一奇案。

盘古同学比老爸和两位老哥都有名，所以很多人以为他是最老的神。在道教中，他的名字叫元始天尊。

　　盘古，根据我们的考证，应该还活着，因为我的同乡吴承恩同学在《西游记》里就记载了孙悟空见过元始天尊。

　　根据道教，元始天尊居住在玉清境内，天文学观测一直没有找到这个地方，相信盘古·元始天尊同学已经有了手机，只是公司既不是联通也不是电信，所以我们没有他的号码。

　　除了玉清，还有另外两清，分别是上清和太清，上清是灵宝天尊居住的地方，太清是道德天尊居住的地方。

　　灵宝天尊的尊号是上清高圣太上玉晨元皇大道君，和元始天尊不同，他既有父亲，也有母亲。他在母胎中待了三千七百年才出世。同样，宇宙学对他的来历没有什么研究。我估计他的出生在星系形成时期。

　　灵宝天尊是元始天尊的学生，学成之后，就占了三十六天的第二天。出生早的人有福气啊，不需要做博士后，就找到正式工作了。而且还"金童玉女各三十万侍卫。万神入拜，五德把符，上真侍晨，天皇抱图"。

　　我们认为，"上真侍晨"中的上真是中国四大美女之上的美女，应该是宇宙第一美女。有了超女，自然就有好男，所以天皇同学虽然没有太多事迹，但是世上第一个好男应该是无疑的。

　　盘古的另一位博士生是道德天尊同学，此人大名鼎鼎，是我的本家，即李耳同学。葛洪的《神仙传》说老子"先天地生"，看来也是在太阳系形成之前就出生的。后来春秋时代的老子，应该是道德天尊同学向耶稣同学学习，下凡创始道家以至道教。他在人间出生之前已经存在了，所以自称老子，老而为人子的意思。

老子住的地方也不俗，叫作太清，是宇宙中的第三别墅。既然他创立了道家，所以就成了飞仙之主，元始天尊和灵宝天尊养尊处优，将后来的神仙交给老子来管。虽然住在第三别墅有点憋气，权力还是可以平衡一下的。

李耳同学比耶稣同学要勤快，不时造访地球，有这样的记载：老子无世不出，数易姓名，初出于上三皇时号玄中法师；出于下三皇时号金阙帝君；出于黄帝时号力默子，又号广成子；周文王时为守藏史，号支邑先生；武王时为柱下史，号郭叔子；汉初号黄石公；汉文时号河上公。

中国神话中的现代宇宙学（二）

　　我们前文谈到了盘古同学，以及盘古同学的两个博士生。后来的神仙多到不计其数，有的是盘古的儿子，有的是盘古的孙子，子子孙孙，将天上弄得拥挤不堪。

　　每个神仙都有父亲，或者父母俱全，悟空同学从石头里蹦出来，独一份。悟空的师父玄奘大师有句名言：人是人他妈生的，妖是妖他妈生的。有次我在西安游慈恩寺时内心默默地对玄奘举手说道，神是神他妈生的。现在，我想对玄奘同学继续补充一句，神有时是神他爸生的。

　　盘古的父亲是浑沌，那么，浑沌的父亲呢？

　　我们翻遍历史，无论正史或野史，正说或戏说，国家档案馆或私人家谱，甚至各地的人才交流中心，都没有找到浑沌的老爸是谁。不过,最新的宇宙学观测和宇宙考古理论家们的研究,给我们指明了一个方向。

爱因斯坦也许是天下最大的白相大王。根据他的理论,能量只能局部地守恒,如果将引力考虑进来,能量可以无中生有,难怪老子同学的那部书讲"道生一,一生二,二生三,三生万物"。西方有个古斯同学,将爱因斯坦的哲学发挥得淋漓尽致。他说,在浑沌同学之前,宇宙什么也没有,只有一个驱动暴涨的暗能量,在暗能量的驱动之下,宇宙不停地暴长,一直长大了 28 个量级左右。在开始的时候,暗能量并不多,只有 1 千克或者 10 千克,天下的万物全是从这 1 千克的暗能量里长出来的。

有人会问,怎么可能呢?回答是,引力这玩意儿会吃能量,也会吐出能量。如果没有暴涨时期,宇宙中这么多能量还真的产生不了,不信你学两天宇宙学,然后计算一下。

为什么别人研究不出来浑沌之前有这个历史,偏偏古斯同学能够研究出来?难道他是神童?我们觉得,他还真是神童,他是浑沌的老爸,又叫古斯老祖的灵童转世。

考证完古斯老祖之后,我们回到传统的神仙世系。

玉皇大帝大家都很熟悉。他就是三人之下、万人之上的众神之神,按照道教的说法,玉皇大帝是诸天之帝、仙真之王、圣尊之主,三界万神、三洞仙真的最高神。这个名头很吓人。不看名头,我们只看他是三界万神的最高神,就知道从他开始,人间的事多起来了。他这么关心人间的事,只能说明他出生得比较晚,应该是在地球形成之后。地球的年龄大约是 46 亿年，玉皇同学的年龄大致如此，大约是盘古同学的三分之一。

按如来的说法，玉帝自幼修持，苦历过一千七百五十劫。每劫有十二万九千六百年，那么玉帝有两亿岁左右，这严重低估了玉帝的年纪。

如果我们信了如来（阿弥陀佛，善哉善哉），那玉帝就出生在恐龙时代。一想到恐龙，我们还真有点迟疑，如果不是出生在恐龙时代，为什么玉帝同学的老婆王母同学一开始就丑得像恐龙呢（王母的事迹见后）？

玉帝的父亲是谁？有说是三清所化生出之先天尊神，这么说可能是盘古·元始天尊的儿子；也有说玉皇大帝乃昊天界上光严净乐国王和宝月光皇后所生之子，第二种说法受佛教影响，不确；或者是如来一派的戏说，将盘古变成光严净乐国王。如来本人的来历是什么？有人考证是和盘古同辈的。我个人觉得如来的来头很大，但绝不是盘古的同辈人，后面我们会说到如来的故事。

现在我们知道了，玉帝同学应该是在太阳系形成之后出生的。太阳系形成的过程目前并不清楚，只知道在恒星中，它是小老弟。最早的恒星比宇宙年轻不了多少，一个学派的观点认为，这些恒星都很重，大约是太阳的一百倍，因为在那个时代，还没有重元素，所以形成的恒星都很重。当这些恒星燃烧完了，重元素才产生。我们的太阳如果年龄不足够小，就不会有重元素。要知道，人类身体里有很多重元素。玉帝同学的存在和人类的存在息息相关，我们可以统称为重元素时代的神仙和人类。

玉帝同学并不是重元素时代的唯一重要神仙，与他同时的并且地位相当的还有五个，合称为六御，分别是：

1. 中央玉皇大帝，老婆王母娘娘，又称为西王母；2. 北方北极中天紫微大帝；3. 南方南极长生大帝，又名玉清真王，元始天王九子；4. 东方东极青华大帝太乙救苦天尊；5. 西方太极天皇大帝（手下：八大元帅，五极战神，天空战神，大地战神，人中战神，北极战神和南极战神）；6. 大地之母：承天效法后土皇地祇。

我们择要谈谈这些重要的神仙。

中神通玉皇大帝的老婆的名气一点不比玉皇大帝小，说起来见于文字记载还早些。《山海经》中说，西王母长着一条像豹子那样的尾巴，一口老虎那样的牙齿，叫起来的频率很高。叫声就不同凡响，原来张靓颖的海豚音的承传来自西王母。更不同凡响的是她的长相，看过《侏罗纪公园》的人想必还记得里面可怖的冷盗龙（vilociraptor），比人大不了多少，动作敏捷，善于思考。我终于明白为什么今人将丑女形容成恐龙，原来出典也是西王母。《山海经》还提到她一头乱发（蓬发戴胜）。

不过王母到底是很高一级的神仙，她的长相也是进化的，到后来，是一个美丽非凡的女人。

中国神话中的现代宇宙学（三）

上一回我们说到了王母，王母说完了说六御。

"六"是什么意思？"御"是什么意思？前后左右上下，六个方向，是六极，也就是三维空间的意思。御，就是统御的意思，每个方向有一个神来照应、统治。

李白诗："秦王扫六合，虎视何雄哉。"其中的六合，和六极是一个意思。李白在诗中夸大了。当然我们不能责怪李白的夸大，诗人么，又不是科学家。秦王当时扫的是四合，他没有空军，更没有神五神六，上下如何扫法？

喜欢抬杠的朋友可能会问我，六极是有的，古人也说八极，那是什么意思？有人很浅显地认为八极就是远的意思，八极是远，那么六极就是比较远？这毫无疑问是错误的理解。有人很高深地认为八极是形容男人外表和内心的八个特征，也错了。我们认为，八极就是前后左右上下内外，前六极是我们的三维空间，内外指的是第四维空间，很像 Randall-Sundrum 模型里的那个第四维，这里稍微解释一下 Randall-Sundrum 模型。大约十年前，研究弦理论的人发现，在弦论中除了弦之外，还存在各种各样的膜，比如说，我们的空间可能就是四维空间的膜，这个膜有三维，前后左右上下都有。四维空间多出一维，就是我用内外比喻的那一维。我们人以及我们能够用来探测的工具只能局限在三维，我们看不到第四维，只有万有引力能够"漏"出去，在第四维也有作用。Randall-Sundrum 模型就是这种膜理论的一个很特殊的情形，在这个模型中，甚至引力也不能自由地在第四维中发挥作用，离开我们的膜越远，"漏"出去的部分越弱。

回到六御，先说北方北极中天紫微大帝。

在一个各向同性的宇宙中，本来无所谓北无所谓南，无所谓东无所谓西的。当宇宙中有物质，而且物质还形成结构，如太阳系、星系、星系团的时候，就有方向的区别了。地球自转，我们习惯上将南北看作自转轴。磁铁造的指南针，指针指向北，因为地球磁场的方向大致与自转轴相同。

这么简单的一个道理，被现代物理学神话了，这个神话就是对称性自发破缺。

地球自转起来，只有靠近南极或北极附近的恒星看起来是不动的。北极星，位于紫微垣之中。紫微垣就像天上的紫禁城，而北极星有点像太和殿。北方紫微大帝的名字中有北极在里面，可见地位是很崇高的。

这个紫微大帝，就像天上的皇帝，地位仅次于玉帝。那有人就问了，国无二主，天无二日，如果紫微大帝也是天帝，不是要和玉帝打起来了？

我们前面说过，玉帝的年纪大约和太阳一样大，紫微的年纪大抵也如此。这两位的出生既晚，所以只管星系、星系团这些事，星系团之外的，如超星系团之间的空洞、暗能量，他们不想管，也是管不了的。

道教说，中天紫微北极大帝协助玉皇大帝执掌天经地纬、日月星辰和四时气候，道书称其万星之宗主，三界之亚君，次于昊天，上应元气。这就说得很清楚，玉帝比紫微的职权稍大些。

打个比方，玉帝是总理，紫微就是常务副总理。总统或者国家主席还轮不到玉帝来做，因为他们之上还有三清，三清最低一层的太清道德天尊，就经常被玉帝请出来处理军事上的麻烦事，所以道德天尊有些像军委主席。

常务副总理紫微大帝的来历也有些蹊跷，原来的象征是个大乌龟。人们常说的北方玄武，就是个大乌龟。仔细去解释，武的含义是一龟一蛇。本来紫微大帝就是龟蛇，发展到后来龟蛇成了紫微大帝的服务人员了。

这位常务副总理同学同时还是一个战神，玄武又叫玄冥，金庸的《倚天屠龙记》中的玄冥二老就出奇地厉害。所以，常务副总理还身兼三军总司令一职。

再说东方东极青华大帝太乙救苦天尊。王母的前夫东王公是太乙的前身,王母离婚后,玉帝升格,东王公也升格。西王母和东王公本来同是元始天尊的女儿和儿子,现在的太乙救苦天尊的来历有点变了,身份也像佛教中的观音菩萨,可以化身万亿,这样才能听到每个烧香许愿者的声音。

太乙的来历看来比较复杂,我们上面已经说了他与东王公的关系,与观音的关系,其实,他还可能是屈原同学口中的东皇太一。

东方在中国是个特殊的方向。太阳自东方出,所以东方象征着朝气和阳光,太乙的帝号东极青华大帝取的意象就是春天。

青华大帝同学也有一个动物象征,就是青龙。左青龙,右白虎,青龙在东,白虎在西。青龙这个象征比较有人气,一个男人总是希望自己是个青龙,寓意是很深的,我们不便在这里仔细讨论。

在喜爱这个既有阳刚之气,又有菩萨之心的青华大帝的同时,我们也不免同情他。这么一个好男人,怎么就被王母给抛弃了呢? 我们不得不发出亿年一叹,有权的家伙有福了。

中国神话中的现代宇宙学（四）

王熙凤同学是《红楼梦》中的哲学家，而不是那两个疯疯癫癫的僧人和道士。即使林黛玉，也说过一句很有哲学意味的话："不是东风压倒西风，就是西风压倒东风。"

然而深受中国儒学影响的道家不这么认为，中国儒学讲究调和君臣，阴阳家则强调阴阳调和，哪一方占到压倒性的优势，都是不好的事情。所以在道教的六御当中，西方太极天皇大帝和东方东极青华大帝是和平共处的，不是一方压倒另一方，而是形成一个双赢的局面。

一个青龙，一个白虎，谈不上谁是老大。

然而考证中国神话历史，西方太极的确不被重视，在更加正统的四御说中，就没有西方太极的位置。既然青龙是阳，白虎为阴，白虎

还是要聊备一格。在金木水火土的五行说中,东与木对应,西与金对应。在奥运的吉祥物福娃里,可爱的白虎成了下面这位小朋友:

不懂中国五行说的人肯定看不出福娃妮妮和金有什么关系,懂的人也看不出,金的唯一标志是隐约可见的倒扣的金鼎。让标志太沉重,是咱们的传统。

韩国的国旗用了太极和八卦,韩国又有太极虎的名号,我不知道韩国为什么特别喜欢西方白虎这个阴性的象征。白虎虽然是阴性,却是战神的代表,难怪韩国人在足球比赛中那么好战不屈,哪里像咱们这个爱好和平的民族,友谊第一,比赛第二。

金木水火土在中国人的脑子中根深蒂固,哪怕是《红楼梦》也没有逃出这个无所不包的哲学"气场"。有人说,林黛玉就是木,薛宝钗是金,一东一西,难怪深信斗争哲学的林妹妹说出"不是东风压倒西风,就是西风压倒东风"。

南极长生大帝的名号比较常见,他老人家的诞辰是五月初一。据说他也是元始天尊的儿子,不过传说混乱,有说是元始的长子,也有说是他的第九子,道教的混乱芜杂,这里就体现出来了。有人考证说,长生大帝同学的名字虽叫长生,其实不是那个颤巍巍捧着从西王母的蟠桃自助餐那里偷偷留下的那个蟠桃的南极仙翁。

道教历史悠久，所以神仙众多，一个南极就囊括了南极长生大帝、南极福星天德星君、南极禄星天佑星君、南极寿星老人星君。一个长生大帝，统御了福禄寿，下次哪位遇上长生大帝，赶紧拜一拜。南极的福禄寿下面估计还有局长处长科员若干，分一分等级，别一别门类，虽然烦琐些，也比用一个福娃妮妮既表示金，又表示绿色，又表示你，又表示燕子，来得清楚。

如果大家不怕累着，不妨念一下长生同学的全名：高上神霄玉清真王长生大帝统天元圣天尊。

六御之中，和地球关系最密切的是承天效法后土皇地祇，她是六御中唯一的女性。在古代，天和地是一样的神圣，后土信仰的历史也很古老，可以追溯到周朝，皇天后土的说法那时就有了。

在希腊神话里，地神盖亚（Gaea）也是女性，而且是浑沌中产生的最早的两位大神之一，另一位大神是爱神艾罗斯（Eros）。接着是黑暗统治宇宙，这和现代宇宙学中在光子退耦之后有一个很长的黑暗时期不谋而合。在黑暗时期，光子作为背景辐射的温度先是 3000 度左右，随着宇宙的膨胀降到几十度。可见光的波长在 5000 米，对应于太阳的表面温度，在 6000 度左右，所以在黑暗时期，背景辐射中的光子是红外光子，不可见。物质的主要部分是中性氢，基本不发光，发出的光也是 21 厘米波，不是可见光。

以后宇宙中的结构开始形成，类星体是最早形成的天体，这些类星体作引力塌缩时开始发出强烈的辐射，使得周围的气体电离，此时宇宙进入再电离期。

　　与类星体同时形成的可能还有活动星系以及早期恒星，这些早期恒星所含的元素是宇宙早期核合成时代形成的轻元素，包括氢、氦、锂。我们再强调一次，太阳这颗恒星是很晚才形成的，所含的元素才会有早期恒星燃烧产生的重元素。

　　如此，如果我们采用希腊神话的说法，后土妈妈的年纪或许是六御中最大的，虽然她后来主要的人文关怀对象是地球，她从一开始就照应了地球形成的主要先决条件，包括重元素的形成。

　　地神盖亚与她的儿子天神乌拉诺斯（Ouranos）生下十二个提坦神和巨人。乌拉诺斯应该是盖亚单性繁衍的，至于乱伦的事，在古希腊不算什么。（其实，古埃及法老的妻子不是自己的姐姐，就是自己的妹妹，古埃及这么做，解决了下一代的皇位问题，无论传给谁，都是纯粹的法老血统。著名的埃及艳后克丽奥佩特拉就先后嫁给了自己的两个弟弟，托勒密十三世和托勒密十四世，分别比她小 8 岁和 11 岁，当然她的弟弟们只是她名义上的丈夫。）

　　盖亚的十二个提坦神是六男六女，成为六对夫妇。最小的提坦克诺罗斯和一个女提坦神瑞亚是夫妇，生下第二代希腊神，最小的儿子就是宙斯。

中国神话中的现代宇宙学（五）

中国道教历来生活在佛教的阴影之下，历史上也曾有过几次灭佛运动，而佛教也只是暂时失败。有说元朝开始的时候道教和佛教一起辩论，结果道教大败。我想这大败的原因是道教太过讲究实用，而佛教的思辨是道教远远不及的。

如来佛同学，大家没有不知道的吧？如来姓如来名佛。其实如来佛这个名字说明中国的信徒们一向不求甚解。在佛教中，佛有十种称呼：如来，应供，正遍知，善逝，世间解，无上士，调御丈夫，天人师，世尊，佛。何况，佛还有好多佛，不止释迦牟尼一个。现在我们将释迦牟尼称为如来佛，如同将某位教授称为教授先生。

不管他，反正这么叫已经成了习惯，教授先生就教授先生吧。道教为了表示自己的地位，认为释迦牟尼这位教授，其实是老子出了函

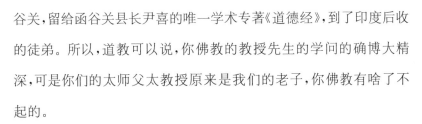

谷关,留给函谷关县长尹喜的唯一学术专著《道德经》,到了印度后收的徒弟。所以,道教可以说,你佛教的教授先生的学问的确博大精深,可是你们的太师父太教授原来是我们的老子,你佛教有啥了不起的。

道教讲究一个神仙,修道就是为了成仙,为了白日飞升,甚至为了如花美眷。所以道教是一个讲究实用的宗教,烧铅炼汞,不过是个精通化学的艺术家,而和尚只是参禅悟道,不理俗事,是一个深刻的思想家、梦想者,这里的高下很容易看出来了。

老子和释迦的关系实在错综复杂。我们先看历史,孔子生于公元前 551 年,释迦牟尼的出生年代约在公元前 565 年,这么说教授先生要比孔子大些;老子是孔子的老师,出了函谷关到了印度再收徒,新的徒弟反而比老的徒弟大些,也没有什么不合适。那时老子这个太教授太先生出了函谷关,是一个糟老头子骑着一头青牛,而教授先生可能年纪已经不小,已经做过了苦行僧而后放弃,终于遇到了明师。

然则在《西游记》中,太教授太先生虽然贵为军委主席,玉皇一有事,往往最后还得请教授先生帮忙。老子的本事不过是程咬金的三板斧,最后实在不行就上八卦炉。如来就不同了,不动声色,上下其手,到底是外来的和尚好念经。

在《孙悟空的师父是谁》那篇著名网文中,作者仔细分析了《西游记》和《封神榜》,提出《封神榜》中有五巨头,其中三人是道教的,就是三清(元始天尊,灵宝天尊,道德天尊老子),另外两位和佛教有关,分

别是接引道人和准提道人。接引道人就是如来佛了，准提道人经考证后是孙悟空的师父菩提祖师，如来的师弟。《封神榜》称他们为道人，有意为道教贴金。《西游记》中的菩提祖师的确亦僧亦道。

佛教虽有不少的神话成分，与道教相比宗教的色彩更浓，这可能是佛教在中国历史上一直占上风的原因。如来同学得道后，一直活到 80 岁，因为身染重病，解脱而去，并没有后世道教为教祖们编造的那些神话，甚至复活的传说都没有。

然而早期的小乘佛教为了传播宗教的原因，不免多有夸大渲染，所以小乘佛教的思辨气息没有后来的大乘佛教浓厚。应该说，后世佛教在思辨冥想方面远远超过道教。道教不脱中国本土重利的传统，道教的徒子徒孙们看重的不是成仙，就是驱鬼驱狐，最不济也是符水治病，将一个宗教弄得落了下下乘。义和团的大师兄小师弟们玩的就是这些名堂，哪来的工夫思考人生的意义宇宙的起源？

现在谈谈佛教的宇宙观。小乘佛教认为佛只有一个，就是教主释迦同学。他人修道，也仅达到不生不灭的境界。这个主要信仰可以作如下解释：宇宙只有一个，如同佛只有一个，而对于佛来说时空本身不起作用。一般人断尽三界烦恼，超脱生死轮回，但也在时空管辖的范围内。就像在宇宙学中，我们经常要假想一个永恒不死的观测者的存在一样。因为有了这种理想观测者，宇宙的定义才有了可操作性，就是说，可观测宇宙所含的时空与这个不生不灭的观测者有因果联系。而不能与理想观测者发生因果联系的地方我们永远看不到，也不能给我们施加任何影响，这样的时空区域最多可看作是另一个宇宙。

大乘的看法是在我们这个宇宙之外还存在着无数个宇宙，这很像现下流行的多元宇宙的看法。首先，大乘佛教认为三世十方有无数佛同时存在，释迦同学不过是两千多年前那个幸运的一个。小乘是一个人修行，一个人解脱，有点要解放全人类，必须先解放自己的意思。大乘来得更加无私，要普度众生，要成佛救世。到了四大菩萨之一的地藏菩萨那里走到了极端，我不入地狱，谁入地狱，地狱不空，誓不成佛。

如何看出大乘提倡多元宇宙呢？我们看一下大乘成佛的过程就知道了。一个人只念一生佛不能成佛，需要经过无数生死，历劫修行。这里所谓劫，就是宇宙从开始到结束。有开始有结束，根据现代宇宙学的观点，就应该存在我们这个宇宙之外的宇宙。

有人会问，暗能量的存在是不是说明宇宙也许有开始，肯定没有结束，因为暗能量使得宇宙一直膨胀下去。这种理解也无不可，却是比较狭隘的。因为即使宇宙一直膨胀下去，下一个轮回完全可以起源于所谓的涨落。很多人认为，我们的宇宙就是开始于过去一个宇宙中的大涨落。

综上所述，佛教的教理较之其他任何宗教的确更加富有想象，从而更加使得世人充满期待。在中国传播的主要是大乘佛教，重利的中国人也喜欢大乘，可见想象力的魅力。

关于宇宙学的"哲学"思考

首先我得声明,我是一个没有系统地研究过任何一家哲学派别的人,所以我的标题对哲学加了引号。在标题中用到哲学,是因为下面涉及的一些宇宙学的进展和围绕这些进展出现的一些争论的确贴近哲学,因而我的思考也贴近了哲学。

在所有科学学科中,宇宙学是最吸引公众的学科之一。康德说过:"有两种事物,我们愈是沉思,愈感到它们的崇高与神圣,愈是增加虔敬与信仰,这就是头上的星空和心中的道德律。"康德所指的星空,就是我们今天所说的宇宙。谁不会对宇宙之大、宇宙的过去和未来发生巨大的兴趣?因为,我们是宇宙这个有机整体中的一分子,我们的过去和未来与宇宙的过去和未来有着密不可分的联系。至于康德所说的道德律,我想对于一个在有着宗教传统的国家长大的人来

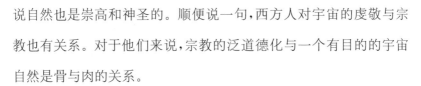

说自然也是崇高和神圣的。顺便说一句,西方人对宇宙的虔敬与宗教也有关系。对于他们来说,宗教的泛道德化与一个有目的的宇宙自然是骨与肉的关系。

正因为如此,在西方,在所有的科普活动中,宇宙学科普成为最吸引公众的活动之一,一些非官方的基金会如邓普顿(Templeton)基金会热衷于支持宇宙学研究,尤其是与正统宇宙论有抵牾的研究。这个基金会除了自然科学还支持其他种类的研究,例如哲学与神学,以及关于世界上主要宗教的研究。1995 年,物理学家兼科普作家保罗·戴维斯(Paul Charles Davies)因《上帝与新物理学》等科普著作获邓普顿奖。2006 年,又有两位宇宙学家获得邓普顿奖。这些研究宇宙学的人接二连三地获得奖金很高的邓普顿奖,说明了这个基金会认为宇宙学是连接科学与超出科学之外的人类形而上的活动譬如宗教的桥梁。

在美国,大爆炸这个名词家喻户晓,因为大爆炸从 20 世纪 60 年代以来被确立成现代宇宙学的规范。近年来,暗物质和暗能量也成为流行语,至少在公众科普媒体上是这样,虽然这些名词所对应的科学概念仍是宇宙学家们的热门研究对象。宇宙正在加速膨胀,如果宇宙一直这样加速膨胀下去,宇宙的未来就是死寂,这些信息的传播会引起越来越多的公众的不安。

即使在科学普及还做得远远不够的中国,宇宙学也是科普中做得最好的。尽管我们少了很多宗教情结,我们对无所不包的宇宙还是怀有强烈的好奇心。宇宙学也是所有学科学的人接触到的最令人

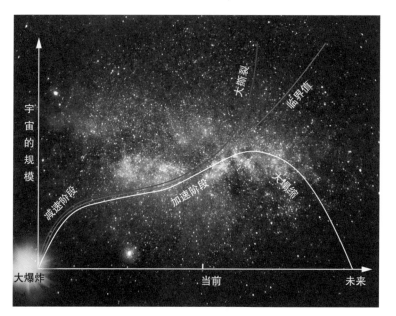

宇宙未来的三种情形

怀疑、同时也最引人思索的学科。记得我最初接触到宇宙学的时候，我深刻怀疑大爆炸到底是不是我们对宇宙学的最终认识。作为一个学生的我当时想，我们凭什么就敢将我们目前掌握的物理学知识应用到无所不包的宇宙中去？我们凭什么假定在 100 亿年前宇宙中的物理学规律就像我们现在获得的那样，从而推测出宇宙即使在那个时候也是一直在膨胀着，所以宇宙肯定起源于一个大爆炸？我们怎么知道在我们目力所及之外就不存在更大的宇宙？所有这些问题，随着我对物理学和宇宙学的认识不断深入，后来被我视为相当天真的问题。现在再回过头来看，有些问题并不那么天真，正是当下宇宙学家争论的一些问题。

科学是实证的，也不仅仅是实证的。我们说科学是实证的，是说科学发端于实验和观测，得到理论、预言，再通过实验和观测检验预言。科学不仅是实证的，因为一旦理论化，可以推出无限多个预言，我们不可能一一检验这些预言，只能相信逻辑和数学结构的一致性使得科学成为一个整体。但是，一旦某一天其中一个推论被实验否定，我们就要改进科学本身。宇宙学也如此，宇宙学是科学延伸的极致，因为它的建立依赖于对规律的极端信任。举一个重要的例子我们就明白为什么是这样：通常天文测量的尺度非常大，我们不可能用寻常的方法测量天文距离。天文距离的测量一般是两种，一种是通过三角关系测量，即所谓的视差。当距离非常大时，我们要借助第二种方法，即找到一种被认为是亮度固定的天体，然后通过表面的亮度确定这个天体距离我们多远，就像一支具有固有亮度的蜡烛一样，我们可以通过眼中看到的亮度确定它离我们有多远，亮度越微弱，距离我们越远。第二种测量距离的方法含有两个假定，第一是给定的天体有固定的亮度，第二是表面亮度与距离平方成反比。当距离很大时，后一个假定并不能通过寻常的方法检验。我们反过来将第二个假定变成定义，由这个方法定义出来的距离叫视距离。

　　物理学中有很多概念和陈述并不是我们寻常经验的推论。例如，我们在实验室实现一个极高的温度，如上万度，我们并不是用寻常的温度计来测量的，而是通过光谱。光谱本身用来决定温度其实也暗含了一些假定，例如光的波长与温度成反比，或者倒过来，在某个温度之上，温度就是通过光来定义的。很多概念的延伸都超出了寻常的经验，但是，所有这些定义必须满足逻辑的自洽性。这样，在物理学中,我们可以定义非同寻常的高温,非同寻常的极小的距离,也可以定义非同寻常的极大的距离。

宇宙学的建立,就是需要我们对这些概念的信任,这样,我们就回答了我年轻时对宇宙学的第一个质疑:我们能够相信物理学在遥远的距离之外和遥远的过去都是成立的吗?回答是,当然可以信任,虽然遥远的距离和遥远的过去本身的定义超出我们寻常的经验,但形成一个逻辑自洽的体系。除非这个体系出现不自洽,那时我们就得修改我们的理论,使之重新成为与观测吻合的自洽的体系。

当我们说宇宙的年龄是 137 亿年左右时,我们用了宇宙在膨胀的知识。如果宇宙在过去一直在膨胀,那么追溯到过去的某个时刻,所有现在看起来很遥远的天体在那个时刻之间的距离都为零,这就是大爆炸发生的那一刻。在得到 137 亿年这个具体数字的过程中,我们还假定了宇宙中不但含有物质,还含有所谓的暗能量。暗能量使得宇宙加速膨胀,当它主导宇宙的能量成分时,宇宙真的在加速膨胀,这是目前观测到的。当暗能量的密度远远低于物质密度时,宇宙由于万有引力的作用,膨胀是减速的。这样得出的宇宙年龄和我们关于天文学的一切知识都吻合,例如宇宙的年龄不能小于地球的年龄,不能小于我们所知的年龄最大的天体。地球的年龄大约是 45 亿年,而年龄最大的天体是球状星团,它们的年龄不低于 120 亿年。

经常有人问,大爆炸之前宇宙是什么样子?现在流行的看法是,在物质产生之前,宇宙经过一个剧烈膨胀时期,叫暴涨时期。这个时期非常短,大约是 10—30 秒甚至更短。在这么短的时间内,宇宙在线性尺度上膨胀了 1026 倍。这个时期没有直接的观测证据,但有一些间接的证据,例如,宇宙中的很多结构,如星系等,都起源于那个时期的微弱的量子涨落。暴涨时期是科学研究的另一个范例,它的存在是通过间接的方法推测的,就像早期我们通过布朗运动推测原子分子的存在一样。很多人相信,在暴涨时期之前,时间不再存在,所以我们如果问"之前"是没有意义的。

另一方面,研究暴涨时期的"之前"有物理意义。因为,即使时间不复存在,我们可以问取代时间的概念是什么。近年来关于量子引力的研究结果建议我们用抽象的代数来取代几何概念,就是说,不但时间不复存在,就是空间也不存在了,时间和空间只是某种抽象概念的近似,这种抽象概念无法用寻常的图像来解释,随着研究的深入,也许有一天我们能够找到它的间接证据,就像暴涨时期有间接证据一样。在科学史上,经常会发生这样的事情,当我们将一个概念运用到极端时,这个概念被另一个更加准确的概念取代。例如,温度是一个宏观概念,当我们将这个概念应用到越来越小的体系时,我们会发现,温度会不再适用,而更加正确的概念是分子原子的运动。不过,我们现在还不能肯定暴涨之前时间和空间肯定消失了,因为还存在一些其他理论,如认为宇宙是一个周期的过程,暴涨发生之前宇宙也许是收缩的。

接下来我们自然会问宇宙到底有多大?首先我得澄清一个经常让很多人疑惑的问题,即宇宙在空间上的有限性。宇宙可以是无限的,也可以是有限的。疑惑往往产生在有限上,因为人们总是问,如果宇宙是有限的,那么会存在一个边界,这个边界之外是什么? 换句话说,如果我走近这个边界,伸出手去捞一把,会捞到什么? 其实解决这个问题很简单。想象你处在一个房间里,房子有四壁——不对,有六壁,如果你伸出墙外捞一把,假如你真的有穿墙的本事,你捞到隔壁邻居家里去了。可是在爱因斯坦的理论中,空间是可以弯曲的,我们可以想象将你们家的任何一堵墙和对面的墙通过弯曲连接起来,这样就会发生一件怪事,当你的手从左边的墙伸出去的时候,它同时出现在右边的墙上,你捞到自家来了。

好了,让我们接着问宇宙有多大这个问题。宇宙学观测的手段大多是通过电磁波的接收,包括可见光、X 射线、γ 射线以及微波。电磁波的传播速度是有限的,所以,我们现在看到的天体是它过去的样子,越远的天体,我们看到的样子越老。既然宇宙有一个年龄,那么我们看到最远的天体就是最老的天体,不会超过 137 亿年。简单地换算成距离,我们现在看到的天体最远不过 137 亿光年。宇宙学家通常指的宇宙大小就是这个距离之内的宇宙。当然,真实的宇宙可能比这个人为限定的宇宙大得多,比如说,100 亿年之后,假如人类还存在的话,他们看到的宇宙可能比现在的宇宙大。我们接着问,宇宙是否是有限的? 目前没有这方面的证据,但有一派人认为宇宙就像一个有 12 面墙的房间,不过这个房间的每两对相对的面被黏合到一起,这就避开了外面还有邻居的问题。

还有一个情况使得我们看到的最大的宇宙是有限的,不论我们等多久我们都只能看到有限的宇宙,这是因为,距离我们很远的天体

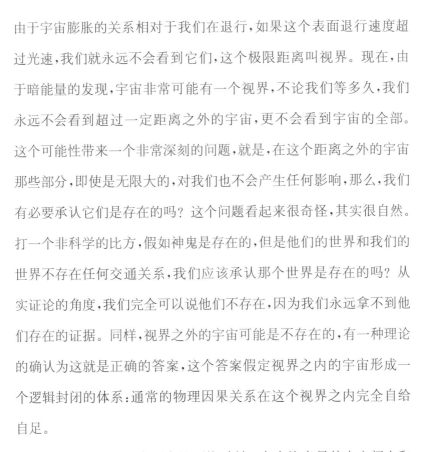

由于宇宙膨胀的关系相对于我们在退行，如果这个表面退行速度超过光速，我们就永远不会看到它们，这个极限距离叫视界。现在，由于暗能量的发现，宇宙非常可能有一个视界，不论我们等多久，我们永远不会看到超过一定距离之外的宇宙，更不会看到宇宙的全部。这个可能性带来一个非常深刻的问题，就是，在这个距离之外的宇宙那些部分，即使是无限大的，对我们也不会产生任何影响，那么，我们有必要承认它们是存在的吗？这个问题看起来很奇怪，其实很自然。打一个非科学的比方，假如神鬼是存在的，但是他们的世界和我们的世界不存在任何交通关系，我们应该承认那个世界是存在的吗？从实证论的角度，我们完全可以说他们不存在，因为我们永远拿不到他们存在的证据。同样，视界之外的宇宙可能是不存在的，有一种理论的确认为这就是正确的答案，这个答案假定视界之内的宇宙形成一个逻辑封闭的体系：通常的物理因果关系在这个视界之内完全自给自足。

暴涨宇宙论还给出更多的可能，例如，存在许多虽然在空间上和我们的宇宙是联通的区域，但那些区域中的物理定律和我们这个区域完全不同。这种可能性是目前宇宙学家们争论的中心话题之一，涉及到很多深刻的物理问题。第一个问题当然是，既然物理定律是可变的，有没有超出这些物理定律之上更加普遍的定律，这些普遍定律决定类似我们的宇宙之内的物理定律，以及其他区域不同的定律？有一个可能的回答，就是弦论。但是，许多研究弦论的物理学家对这种说法很反感，因为一旦如此，我们的宇宙的物理定律就是很偶然的了,没有更加深刻的原因(爱因斯坦曾经希望物理定律可以由纯粹的逻辑来确定)。还有一个问题涉及到我年轻时问过的一个天真问题:我们怎么知道宇宙间的其他区域的物理定律是不同的,如果我们不能直接或者间接观测那些区域? 这样,尽管宇宙在某种意义上是多变的,甚至有着无限可能,可是从实证论的角度我们却不能确定这些可能。以上讨论的多重宇宙的图像使得某些相信宗教的宇宙学家开始讨论上帝存在的可能。老实说,这种将宇宙学带出传统科学领域的现象让我担心,换个角度看,这些现象的出现也表明宇宙学又一次进入一个生机勃勃的发展时期。

世界是平的（一）

柏拉图有个穴居人寓言。有一群穴居人居住在一个巨大的洞穴中，他们看不到外部世界，只看得到世界在洞壁上的投影。对他们来说，世界就是这样的，是一些影子在洞壁上移动的世界。

我们不是穴居人，我们清楚地看得到一个丰满的三维世界。三维世界当然比两维的洞壁世界精彩多了，而且，数学上我们甚至可以假想更高维的世界，维度越高，自由度越大，世界就越丰富。

但有证据表明三维还是最可亲的世界。例如，在一个四维或更高维的世界，在万有引力的主导下，一个太阳系是不稳定的，从而（四维）人类无法生存。两维也不适合人类居住，霍金曾经打过一个比方，假如两维人需要进食和排泄，那么一根管道会将人切成两半。

没有人会怀疑真实世界是三维的，物理学家也不怀疑。但是，最近 10 年的基础研究告诉我们,三维世界的最隐秘的底牌是两维的。打个比方,造物主最初只造出了一个两维世界,但是这个世界很像一张全息照片,地球上的山水,头顶的星空,都是全息照片上投射出来的三维景象。而人类,同样是投射出来的三维生物,所以我们只感受到三维而不是两维就不奇怪了。

这个世界全息图的产生离不开万有引力,没有引力,就没有全息。我们知道世界是全息的,但目前对这张全息图的理解还没有深入到足够程度可以将细节用科普的语言传递给大家。其实,甚至物理学家对很多细节也不了解,我们只是掌握了一些基本信息,知道世界是全息的,就像我们从化石可以推出生物进化一样,但对很多具体情况并不了解。

我们知道,三维世界中物质的基本组成部分是分子和原子,再走一步也就是基本粒子。那么,隐藏的两维世界的基本组元是什么?物理学家最近在加紧研究这个问题。我们对基本组元的了解几乎是空白的,只知道,这些基本组元非常非常小,远远小于我们知道的任何三维组元(如电子),两维组元的大小大概是 10—32 厘米。这个尺度有多小呢?想象一下最小的原子核的大小。如果我们将氢原子核放大到一只苹果那么大,那么一只苹果的直径就被放大到 100 亿千米,比太阳到地球的距离还大了几十倍。如果我们将 10—32 厘米放大到氢原子核那么大,那么氢原子核就被放大到 10 千米。

既然两维全息图中的基本组元这么小,我们就可以理解为什么两维世界可以包含那么多信息,以至我们可以从这些信息重构三维

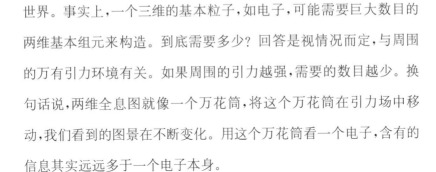

世界。事实上，一个三维的基本粒子，如电子，可能需要巨大数目的两维基本组元来构造。到底需要多少？回答是视情况而定，与周围的万有引力环境有关。如果周围的引力越强，需要的数目越少。换句话说，两维全息图就像一个万花筒，将这个万花筒在引力场中移动，我们看到的图景在不断变化。用这个万花筒看一个电子，含有的信息其实远远多于一个电子本身。

这个万花筒就像一个奇妙的自组装置，它需要引力才能产生图像，同时，它也产生引力。引力在万花筒的解释就像弹簧力，不是基本力，而是很多很多组元共同合作引起的宏观力，而且这种宏观力有特定的性质，叫作熵力。熵在物理学中指的是混乱度。熵力的一个例子是耳机线，我们将耳机线整理好放进口袋，下次再拿出来已经乱了。让耳机线乱掉的看不见的"力"就是熵力，耳机线喜欢变得更混乱。同样，引力是万花筒中的那些组元倾向更混乱状态引起的。

荷兰人韦尔兰德于 2010 年 1 月份提出了万有引力就是熵力的想法，颠覆了牛顿，同时还颠覆了爱因斯坦。在爱因斯坦的时空理论中，万有引力是时空弯曲引起的，而在熵力理论中，即使时空弯曲也是熵变引起的。目前，我们对熵力了解甚少，还不知道万花筒中的奇妙结构是如何引起时空弯曲的。

韦尔兰德的理论十分简单，简单到他只在全息图或万花筒中引入了温度概念，他还假定两维基本组元的数目与全息图的面积成正比。他只需要假定全息屏上温度与时空弯曲的关系，就能推导出爱因斯坦复杂的引力场方程。

我曾经对韦尔兰德理论研究了几个月，发现他的理论有缺陷。他的理论似乎不能导出我们可以接受的热力学。也就是说，如果我们用这个万花筒描述一个三维气体，需要用到的两维混乱度太大。引起这个不好的结果的原因是韦尔兰德用到的两维世界的能量可能是错误的。在重新定义两维世界能量之后，我们发现在温度之外还需要引进两维世界中的压强。重新计算，我们发现描述一个三维气体不再需要不合理的混乱度了，但两维混乱度还是比三维气体的混乱度大多了，这是我们理论的一个预言。

　　毫无疑问，物理学家还需要投入很多精力和时间才能慢慢揭开两维全息图的秘密。在揭开这个秘密的过程中，我们也许会对世界有了全新的认识。例如，也许我们会揭开暗能量之谜，也许我们会最终获得宇宙是如何开始的这样令人兴奋的知识。当然，我们还会加深对黑洞等奇妙天体的认识。

世界是平的（二）

　　世界是平的，不是弗里德曼所说的世界全球化，而是世界在最深刻的层次上是平的。

　　我们所了解的物理世界，当然在空间上是三维的。数学上，我们需要三个相互垂直的坐标来给一个物体定位，比如一架飞在空中的飞机，我们需要给出它所在位置的经度和纬度，同时还要给出它的高度。描述房间里的一件物品也需要类似的办法，因为房间不是平得像一张纸。以此类推，从地上到天上，一切物体都可以用三个完全独立的实数来定下它的独一无二的位置。我们中国人的古语"六合"其实是最古老的三维笛卡尔坐标，前后表示一个维度的两个方向的延伸，左右表示另一个维度的两个方向的延伸，上下则表示第三个维度的两个方向上的延伸。我们体验的，物理定律描述的世界都是一个无限大的立体。

通常的照片以及发源于西方的油画可以通过透视原理使得平面看起来像一个立体，这是视觉错觉，平面上的任何一点的定位还是两维的，就是只需要两个实数。全息照相术看起来真的将一个三度的物体储存在平面上了，这是通过类似激光的光束将物体通过光的干涉记录在平面上，然后再通过光的照射将记录释放出来，这样我们的眼睛需要两次聚焦，同时看前景和背景，觉得看到的像的确是立体的，这也是一种错觉。

　　过去十几年对引力的研究，使得人们得出一个结论，世界的确可以说是平的，也就是说归根结底世界真的可以用两度空间来描述，很类似全息照相。世界应该可以用两度空间来描述被总结成一个原理，叫作全息原理。但是，全息照相说到底是一种利用视觉原理的技术，而全息原理却更加实在，一切物体和物理过程都可以储存在两维空间中。和全息照相相似的是，如果我们去看两维世界，发现和三维世界完全不同。在全息照相这边，我们需要通过相干光的照射才能看到三维物体，而全息原理中需要另一种翻译才能将两维世界转换成三维。

　　全息原理是如何被发现的？1972 年，物理学家贝肯斯坦（Jacob Bekenstein）[①]在普林斯顿大学物理系做研究生时，对黑洞产生兴趣。那时人们已经认识到一个物体当质量大到一定程度的时候，都会塌缩成黑洞，一种绝对不发光的天体。黑洞不但黑，而且和一般物体比起来，太单调，除了质量这些简单的特点外，我们不能区分不同的黑

---

　　①　贝肯斯坦（1947—2015），以色列物理学家，开创性地运用信息论分析黑洞熵。1972 年，他提出黑洞"天生定理"：星体坍缩成黑洞后，只剩下质量，角动量，电荷三个基本守恒量继续起作用。其他一切因素都在进入黑洞后消失了。

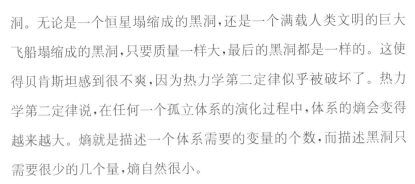

洞。无论是一个恒星塌缩成的黑洞,还是一个满载人类文明的巨大飞船塌缩成的黑洞,只要质量一样大,最后的黑洞都是一样的。这使得贝肯斯坦感到很不爽,因为热力学第二定律似乎被破坏了。热力学第二定律说,在任何一个孤立体系的演化过程中,体系的熵会变得越来越大。熵就是描述一个体系需要的变量的个数,而描述黑洞只需要很少的几个量,熵自然很小。

一个正常系统的熵通常与这个系统所占的体积成正比,而黑洞不论有多大,熵基本上是零。贝肯斯坦当然不相信热力学第二定律失效,所以他大胆地假定黑洞的熵不小,经过反复类比,他得出结论,一个黑洞不但有很大的熵,而且它的熵不与它所占的体积成正比,却与表面的面积成正比。这里我们需要说一下,所谓黑洞的表面,指的不是黑洞真的像地球和太阳那样有一个看得见的面,而是有一个具有一定物理特点的面:任何物体进入这个面之后不可能在黑洞的引力之下再逃出来,即使光也逃离不了。由于我们不再能够看到任何进入这个面的物体,所以这个面叫视界。

贝肯斯坦的发现震动了当时的物理界,包括霍金。霍金不相信黑洞有熵,他甚至写文章反对贝肯斯坦。不过他后来的研究发现,黑洞并不黑,在视界附近由于量子涨落的原因,黑洞会辐射一切东西。他的这个发现反过来支持了贝肯斯坦的结论,因为视界在远方看起来的确是一个复杂的系统,很像一个处于热平衡态的两维系统。

又经过了接近 20 年的研究,荷兰人霍夫特(Gerard't Hooft)和美国人苏士侃(Leonard Susskind)最终确信,黑洞的表面蕴含了黑洞的一切信息,包括黑洞塌缩之前的信息。这样,一艘巨大的满载智慧文明的飞船在塌缩成黑洞之后,它承载的巨大信息并没有消失,所有这些信息都被储存在视界上。不过非常遗憾的是,我们至今还不知道如何翻译视界上的信息。

将黑洞的质量增加,黑洞会变得越来越大,视界也会变得越来越大,视界的每个部分看起来真的越来越平。当视界变成无限大时,视界就是平的了,苏士侃据此推测,不但黑洞的信息可以用视界来储存,整个世界都可以用一个平面来储存信息,这就是全息原理。可是,不论黑洞还是整个世界,我们都不知道储存的语言,以及如何翻译这个语言。这个问题是目前量子引力的一个大难题。

1997年,马德西纳(J.Maldacena)在研究弦论中的膜时,发现了实现全息原理的一个系统,或者一系列系统,这些系统和我们所知的黑洞完全不同,和我们所知的世界也完全不同。在他的系统中,时间和空间组成所谓的反德西特空间,是一种完全陌生的时空。但是他找到了全息图和全息图所用的语言,他以及后来的研究者们也找到了翻译这个语言的一些办法。与反德西特时空不同,全息图上没有引力,只有我们熟悉的规范相互作用,虽然我们知道如何从这个规范相互作用翻译出一些真正时空中的东西,但一套完整的同时简单的翻译办法还没有被发现。找出这个简明对照字典也是目前的一大难题。

最后,我们要明白我们的世界既不是黑洞,也不是静止的,更不是反德西特时空,而是一个从大爆炸发展出来的不断在演化膨胀的世界,这个世界的全息图在哪里,全息图上所用的语言是什么,如何去翻译?这些是更加有趣的问题。以上提到的几个问题将成为科学一万个难题中的几个问题。

第三枚苹果（上）

2016 年,著名荷兰弦论家埃里克·韦尔兰德(Erik Verlinde)(当年荷兰天才少年双胞胎组合中的哥哥)经过半年的深思熟虑,提出了引力不是基本力,而是一种宏观力的建议。具体地说,引力不再是自然界中不可约化的力,而是某种更加基本的自由度集体体现出来的力,就像气体产生的压强,这些力有一个学名:熵力。

那个著名的神话说,牛顿是坐在苹果树下被熟透了的苹果砸中脑袋才想到万有引力的。苹果在我看来是一个隐喻,它隐喻的对象其实是突然闪现在牛顿脑中的那个灵感,这个灵感将行星围绕太阳转动和苹果落地的起因联系了起来。在牛顿的理论中,万有引力存在于任何两个物体之间,而且还是超距的,即不通过任何媒介。这样,万有引力在牛顿看来是一个不可约化的力。

同样,爱因斯坦在两个半世纪后也被一枚苹果砸中,这枚苹果后来被他称为一生中最快乐的想法。在爱因斯坦的灵感中,引力不再是两个物体之间存在的神秘超距作用,而是时间空间弯曲的结果。一个物体使得它周围的时空弯曲,而另一个物体感到了这种弯曲,顺着极小的路径跑。在爱因斯坦的理论中,引力满足因果律,传播的速度是有限的。

弦论研究的重要对象之一还是引力,和牛顿、爱因斯坦一样,弦论家们一直认为引力是基本力,不可约化。只是最近十多年来,我们的观点稍稍起了变化,因为引力可以完全等价于不含引力的理论,这种等价性是由全息原理保证的。全息原理说,在一个不含引力的理论中,可能出现一个本来没有的空间维度,这个空间维度完全是一种宏观量,就像气体的温度一样(当然不是一件事情)。引力存在于原来的时空加上这个新的空间维度之中,在这个更大的时空中,我们可以将引力看成是基本的,但在原来的理论中,引力本来不存在,是诱导出来的。

也许,直到最近,第三枚苹果幸运地砸到了韦尔兰德的头上。韦尔兰德突然意识到,其实引力不是别的,正是一种叫作熵力的东西。这个苹果的种子其实早已蕴含在前面提到的全息原理之中,只是弦论家们没有明确地意识到引力就是熵力。

那么,什么是熵力?

我们知道,气体由分子或原子组成。每个分子本身并不带有压强,但是,对于包含这个气体的墙壁来说,每当一个分子撞到墙上反弹,墙壁就会感受到一个冲量,当我们将所有分子给予墙壁的冲量加起来,就产生了压强。所以,压强是一种宏观量。压强也是一种熵力。当我们缓慢地移动墙壁时(例如燃烧室的活塞),气体的熵会改变,根据能量守恒原理,熵的改变率乘以温度,就是压强了,熵力就是熵改变引起的力。通常,力的方向与熵增大的方向一致。因为普通的气体的体积越大,熵越大,所以压强是一种倾向于增大体积的力。

在统计物理中,我们有时并不需要具体存在的墙壁就能定义压强。我们可以想象一个平面,分子不停地通过这个平面,压强是分子通过平面时带走的动量。从这个定义来看,压强的确与分子之间的微观力毫无联系,是纯粹的宏观力,纯粹的熵力。

熵力另一个具体的例子是弹性力。一根弹簧的力,就是熵力,胡克定律就是熵力的体现。一个更好的例子是高分子的弹性力,假定组成高分子的单体与单体之间不存在任何力,那么高分子的弹性力完全由熵的改成引起,高分子的弹性力趋向于使得高分子蜷曲,因为蜷曲的高分子的熵更大。

这样,我们就可以定义熵力了。熵力不是主要由物体的微观组分之间的力引起的,而是由物体的熵的改变引起的。

接下来,我们问,韦尔兰德的熵力是什么?

这里就需要用到全息原理了。在韦尔兰德看来,描述一个空间最初的系统不是这个空间以及存在于这个空间中的物体,而是包围这个空间的曲面。在这个曲面上,有一个微观系统,局部处于平衡态,所以曲面的每个局部都有一些自由度以及被这些自由度携带的熵。当一个试验粒子在外部接近这个曲面时，曲面上的自由度受到这个试验粒子的影响，从而熵起了变化。当这个粒子完全融入曲面时，我们认为这个粒子本身也可以由曲面上的自由度描述了。学过一些热力学或统计物理的人知道，当一个系统的能量增大时，熵通常也增大，所以粒子融入曲面后曲面上的熵增大了。通过能量守恒我们得知，熵增对应的熵力是吸引力，即粒子总被曲面包围的空间部分吸引。我们看到，热力学的后果就是万有引力。韦尔兰德向我们展示，牛顿的万有引力公式以及爱因斯坦理论都可以通过统计物理加全息原理推导出来。

在韦尔兰德之前，泰德·贾寇柏森（Ted Jacobson）有过类似的想法，他建议引力是由熵流引起的，这个想法和韦尔兰德的想法很类似。韦尔兰德的贡献在于明确指出引力就是熵力，并且指出，物体的质量或惯性也与熵有关。

韦尔兰德的论文在网上出现的 20 多天时间，已经有 10 篇以上的论文出现，讨论韦尔兰德这个幸运灵感的后果。例如，我和前学生王一就用韦尔兰德的结果推导了著名的紫外/红外关系。我们还指出，暗能量也可以用熵力来解释。

由于暗能量是一个非常重要的问题，我稍微仔细地解释一下。与万有引力不同，暗能量产生斥力。但是我们前面讨论了，韦尔兰德的熵力只产生引力，如果要产生斥力，我们就得假定将粒子从曲面上拿走，曲面的熵增加，这和通常的热力学是矛盾的。要解决这个矛盾，我们假设在可观测到的宇宙中有一个极大的曲面，所有其他曲面不能超过这个极大曲面。在这个极大曲面之上存在一些独立的自由度,正是这些自由度产生了斥力:当粒子接近这个曲面时,曲面上的熵增加。这个曲面就是所谓的视界,而我们这个建议和过去的很多想法吻合。例如,有人认为,我们这个宇宙的自由度上限是由视界决定的。

引力作为熵力的理论还处于婴儿期,我们有理由相信,接下来的发展会完全改变我们对引力的看法,以及对整个宇宙的看法。

第三枚苹果（下）

　　我们先回顾一下《第三枚苹果》上篇的主要内容。万有引力研究有两个里程碑，第一个是牛顿发现了以他名字命名的万有引力定律，从而解释了行星运动规律以及地球上受到地球引力作用的物体抛物线运动规律，同时解释了月亮围绕地球运动以及潮汐现象。二百多年以后，爱因斯坦通过他对时空的深刻洞察提出万有引力其实是时空弯曲的结果。例如地球的万有引力是地球的质量引起周围时空弯曲，在这个时空中运动的物体走所谓的"短程线"，其实是物体比较"懒"，在短程线上该物体自己体验到的时间被极大化了。2010 年 1 月份，荷兰物理学家韦尔兰德提出另一种观点，认为万有引力本身并不是最基本的力，而是更加基本的自由度引起的宏观现象，具体地说就是熵力。熵力这个现象在物理世界中并不罕见，例如气体产生的压力,弹簧力,高分子变乱所引力的类似弹簧的收缩力。这些力有一个共同的特点,就是倾向于将更基本的自由度变得更加混乱。例如高分子的弹性力,是由组成高分子的单体"喜欢"排成更加混乱的形态。这有点像口袋中的手机线,不论你将手机线整理得多整齐,在口袋放一阵子,再拿出来就乱了。

将引力看成非基本力,其实有比较长时间的历史。早在1995年,美国马里兰大学的贾寇柏森就开始认为引力是一种热力学现象。我们知道,在热力学中,热这个概念就是宏观的,是分子原子运动的结果,压强、熵、焓等都是宏观概念。贾寇柏森的观点基于黑洞的研究,因为黑洞虽然看起来简单,但其实也有熵和温度。韦尔兰德将贾寇柏森的观点推广到更加普通的情形,认为即使没有黑洞,引力场同样有微观的温度和熵,这些温度和熵并不是我们熟知的分子和原子引起的,而是某种更加基本、我们日常看不到的东西引起的。这些东西是什么呢？我们现在并不清楚,但可以从弦论中追溯可能的踪迹。早在1994年,一些弦论家发现,在一些特殊时空里(例如那些具有负常数曲率的时空),引力完全等价于一个生存于虚拟时空中的不含引力的理论,这个理论所在的时空比引力所在的时空至少低一个空间维。这就是所谓的引力的全息原理:引力其实是低维空间中更加"基本"的自由度引起的。但弦论家研究的对象是特殊的时空,而韦尔兰德认为全息原理在任何时空都是对的,引力就是低维空间中的熵力。

在2011年的弦论大会上,韦尔兰德更加前进了一步,认为引力既可以理解为熵力,也可以理解为更加一般的绝热反作用力。要直观地解释这个物理概念并不容易。大致说来，在一个物理系统中，我们可以将物理参数（如粒子的质量、位置和速度）分成两类，一类是变化快的，一类是变化慢的。例如，一个常温下的气体，粒子的速度通常每秒数百米，这是非常快的速度。在刮风时，风速就要比分子的速度小得多，而风速是集体的平均速度。所以，大量分子的平均速度可以看成是变化慢的物理量。同样，一个气体的体积也是变化慢的量。当气球的体积变化时，所有那些变化快的量会反作用，结果就是对应体积变化的压强，这个压强就是绝热反作用力。

韦尔兰德新的概念比老的更适用，因为要推导爱因斯坦广义相对论，老的概念中的温度并不总是成立的，我和学生在一些工作中也指出这一点，并提出新的解决方案。在我们的工作中，我们还预言了一般气体有着比分子原子贡献来得更大的熵。我们一直不知道如何从微观的角度解释这个巨大的熵，韦尔兰德尚未发表的工作看来提供了一个解释思路。例如，在弦论中，任何两个粒子之间都存在着看不见的弦。这些弦如果被激发出来，就会很重。在普通情况下，没有足够能量激发这些弦。但是，在量子论中，即使一个东西不被激发出来，也有看不见的涨落，这些涨落也许会贡献很大的熵，这些熵与万有引力有密切关系。

但粒子之间的"弦"还是普通时空中的自由度，这些自由度同样也该有全息对应。也就是说，当我们研究一个气体时，这个气体可以用包围气体的面上的物理系统来描述，那么，在这个面即全息屏上，这些新的比较重的自由度到底是什么呢？从韦尔兰德在弦论大会上

的演讲，我们还看不到任何线索。

　　当两个粒子靠得很近时（所谓很近，是比原子甚至原子核的尺度更小），这些看不见的自由度会变轻，从而变得容易被激发出来，那么这个系统的熵会变大。韦尔兰德就是这样来解释黑洞的。固定质量，黑洞是引力塌缩后尺度最小的系统，所以熵最大。

　　韦尔兰德甚至用这些新想法来解释暗能量和暗物质，他大胆地估计了暗能量和暗物质在宇宙中的比重。我想，这是他最大胆同时也是最有趣的想法。我们拭目以待。

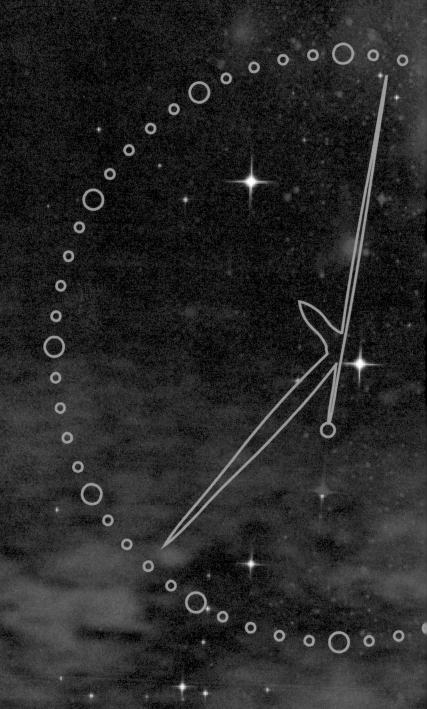

第二讲

Chapter 2

时间、空间
的奥秘

原子钟在滴答

西方人提醒你注意时间时，往往会说"时间在滴答"（time is ticking），当然翻译成更文雅的说法是"时间在流逝"。

滴答本身说明计时是怎么完成的，沙漏就是一种计时方式，假定一定体积的沙流出需要一个固定的时间。与之类似的是利用某些运动的周期性，例如一天就是太阳升起到降落到再升起，而一年则是季节的一个周期变化。古人早就注意到这些自然现象的周期性而制定出历法，最早的历法已经有五千年了。而水钟在古巴比伦和埃及可以上溯到公元前 16 世纪。据说机械钟在西方可以追溯到 13 世纪，却没有保留下来的实物。保留下来的最早的机械钟制造于 1430 年，这是用弹簧驱动的钟。最早的记录分（没有秒）的时钟制造于 1475 年，后来出现了记录秒和分的钟。

伽利略是第一个注意到钟摆的运动是周期性的，他似乎也有过利用钟摆来制造时钟的想法。惠更斯计算了一秒钟对应的摆长是99.38厘米，制造了第一个用钟摆驱动的时钟。可见，钟表的原理和精确度与某个被利用的周期运动有关。机械钟一般能准确到一天误差一秒就算好的了，我们日常生活中也不需要更准确的时钟。

科学实验和高技术需要更准确的计时。戴过表的人都知道石英表，石英表的计时原理是石英晶体振荡的周期。石英晶体的振动被交流电转变成电压的周期变化，这个变化被线路探测到，这就是石英钟的计时原理。石英晶体振荡周期与石英的具体形状和大小有关，寻常石英钟的振荡频率是32768赫兹，也就是说在一秒钟内振荡了32768次。所以，振荡一次就是1/32768秒。如果这个振荡频率精确到个位数，那么一天下来，振荡次数的误差不大于8万次左右（也就是一天内的秒数），这样石英钟的一天误差就能够保持在秒的范围。为什么选择32768这个频率呢？因为这个数字恰好是2^{15}，这是利用2进位的数字钟需要的。石英晶体的振荡频率受到温度的影响从而影响时钟的精确性。经过温度校准的石英钟可以准确到每年误差大约是10秒钟。

20世纪50年代，精确计时进入原子钟时代。原子钟的最基本原理是利用原子能级跃迁辐射的电磁波的周期性，或电磁波的频率。例如，可见光的频率大约是400太赫兹以上，也就是4×10^{14}。如果我们能控制光的频率，就有可能利用它来计时。可惜，一般情况下，光的频率并不好控制，因为外界的因素使得每个谱线出现宽度。20

世纪 30 年代,原子物理学家拉比发现了磁共振技术,当原子经过均匀磁场后,再通过被一定频率的电磁场就会从一个能级跳到另一个能级,辐射出的电磁波具有固定的频率。但是,如果起初的磁场不够均匀,辐射出的电磁波就会有一定宽度(频率不固定)。拉比在 1945 年就建议利用这个原理制造原子钟。拉姆齐是拉比的学生,他在 20 世纪 40 年代改进了拉比的方法,让原子在进入均匀磁场前先经过一定频率的电磁场,这样原子先后两次通过振荡的电磁场,这样的话,原子辐射出来的电磁波的频率的宽度就变小了。拉姆齐因此获得 1989 年度诺贝尔物理学奖(而他的老师拉比早在 1944 年就获奖了)。拉比和拉姆齐的工作使得制造原子钟成为可能。

原子钟是怎么工作的呢?我们这里以最准确的铯原子钟为例。铯两个能级跃迁辐射的电磁波频率是 9192631770 赫兹,如果我们制造一个仪器将铯的振荡周期正好乘以这个数,就是一秒。这个仪器的工作原理如下:将液体铯蒸发成气体,然后让气体铯原子通过一个磁场,这个磁场将处于不同能级的铯分离出来。低能级的原子得以通过 U 型的空腔。这些低能级铯原子随即被波长为 3.26 厘米的微波照射,一部分被激发打到热丝上被电离,电离的铯原子经过电路放大。这样,调整照射铯原子的微波的频率使得电流达到最大,微波的频率正好就是 9192631770 赫兹了。这个频率电子化后用来控制一个石英晶体,保证其振荡频率为 500 万赫兹。这是原子钟的输出。

目前最精确的铯原子中可以达到每天误差为一纳秒,这个精度是什么概念?这等于说 300 万年这个钟的误差是一秒。最早的原子

钟利用的不是铯原子，而是氢原子。

原子钟用来精确地确定时间。那么长度用什么来定？有趣的是，也是通过原子钟的计时。原因是，物理学家发现真空中的光速是不变的，与我们在什么惯性系中测量无关。所以光速在 1983 年就被定为 299792458 米/秒。如果我们能够精确确定时间，那么长度就可以用光速来决定，例如，我们规定一米等于光在 1/299792458 秒内跑的距离，这大约是 3.3356 纳秒。前面我们提到，原子钟一天可以精确到一纳米，这个精度就是 10^{-14}，我们也由此决定了长度的精度也是这个量级。

时间测量的精度以及长度测量的精度在现代科学实验中越来越重要。例如，不到两个月前的惊人的中微子实验告诉我们中微子也许超光速了，这就要求时间测量的精度达到数毫秒的误差不超过纳秒。自然，原子钟达到这个精度很容易，但是，测量中微子速度还涉及到两地原子钟的同时性校准。实验家认为，时钟的校准不会是个问题。

时光之箭

孔二同学站在河边曾经感叹过"逝者如斯夫，不舍昼夜"，是说时间的流逝，像水流一样。这句话自然是感叹年华逝去不可复得。搁在今天，深层的含义就是时光机器的不可能，人不可能返老还童，也不可能乘坐时光机器回到过去、一切从头来过。

时间只能从过去流向未来，是热力学的原因，就是说给定一个孤立系统，熵不会变小。我们通常看到的例子是：覆水难收，热从高温处流到低温处，鸡蛋在一定条件下变成小鸡，而小鸡在几乎任何条件下都变不回鸡蛋。前两个例子是熵增大的直接例子，而鸡蛋和小鸡的例子是熵增大的间接例子。人的生命过程以及记忆，也是熵增大的间接例子，和鸡蛋变成小鸡一样。生命过程和时间箭头一样，指向未来：人从出生、成长到衰老到死亡，是从过去到未来的过程，而不是相反。我们当然可以将生命过程拍成电影，然后倒过来放映，这样我们会看到人从老逐渐变年轻最后变成婴儿这种魔术性的过程，但实际生活中却永远不会发生。虽然生命本身的演变不一定是熵减少的过程，但维持生命的发展需要消耗能量和外界的有序性，也就是说，将生命和它的环境加起来，熵是增大的。所以，热力学第二定律禁止人的返老还童现象，因为将环境算进去这是一个熵减少的过程。

同样，记忆和生命的过程类似。我们只记得过去，不能"记得"未来。我们可以将人脑看成一个系统，它储存的记忆越多，某种意义上就越有序。一个完全没有记忆的大脑是浑沌的大脑，完全无序。这样，在人的成长过程中，通过经验的积累和学习的积累，我们的记忆越来越丰富，这当然指的是过去，因为过去的时间越来越多。大脑逐渐有序化的代价是我们消耗能量以及环境的熵增大，所以，记忆的时间箭头和热力学的时间箭头是吻合的。假如，我们拍一部一个人的成长历史，然后倒过来放映，我们会看到，这个人会越来越年轻，而记忆会越来越少，他/她的记忆是关于未来的（这里未来就是原来正着放的电影的过去），这样的事在现实中肯定是不会发生的。当然，我们可以假想在现实生活中，也许存在着一种奇怪的生物或人类，虽然会由年轻变老，但他们记得的事情是未来，而不是过去。随着年纪的变大，未来的时间变少，他们的记忆也越变越少。我同样猜测这种过程和热力学第二定律矛盾，从而是不可能的。人不能"记得"未来，我相信这和小鸡不能变成鸡蛋一样正确，虽然我还想不到用什么来证明。困难在于，这个证明要列出许多条件，比如我们要将白痴排除（既不记得过去，也不记得未来），等等。

热力学第二定律非常容易理解。假定在一个箱子里放上一些原子，假如开始的时候原子都在一个角落里，随着时间过去，原子逐渐分散到箱子中，这是扩散的过程，也是熵增大的过程。熵是态的数目（严格地说是态数目的对数）。开始的时候，原子待在角落里，可能的状态数目自然小，而后来可以待在整个箱子中，状态数目大多了。我们在咖啡中加一点牛奶，开始的时候牛奶聚在一起，后来逐渐扩散开来和整个咖啡混在一起，这同样是扩散过程，也是熵增大的过程。我们不可能看到牛奶和咖啡在开始的时候充分混合，后来牛奶逐渐聚在一起，这和再收覆水一样不可能。

现在问题来了，既然熵是增大的，那么宇宙在过了很长时间后，为什么熵没有达到极大，从而熵保持固定，从而我们不可能看到熵增过程？在我们前面的例子中，为什么开始的时候原子都待在箱子的角落，牛奶聚在一起？对这个问题的追问，最终都回到一个"终极"回答，就是，宇宙的寿命是有限的，而宇宙在开始的时候熵几乎处于极小状态。所以，即使经过了大约140亿年，宇宙的熵还在增加，从而我们可以看到热力学第二定律在起作用，我们可以看到与这个定律相关的现象，生命不断地从生成到死亡，鸡蛋不断地变成小鸡，而我们总是一成不变地记得过去不记得未来。注意，记得过去非常重要，因为物理学实验和观测，特别是宇宙学观测，总是观测到过去而不是未来，这归根结底和我们的记忆方式有关。我们如果只记得未来，那么我们就观测到未来;如果我们既记得过去也记得未来,观测就会有点混乱了,我们要小心区分因果,也许这样的超人反而做不了科学。谢天谢地,宇宙的寿命是有限的,宇宙在开始的时候的熵非常小,这样不仅使生命和智慧成为可能,研究科学也成为可能。

大家现在知道终极问题是什么了,就是为什么宇宙开始于一个熵极小状态,为什么宇宙不开始于一个极为混乱的状态? 这的确非常难以理解,因为熵非常小就意味着状态非常特别,比草堆里的一根针还要特别得多。是谁选择了这样一种特别的状态? 假如是上帝,他为什么闭着眼睛就能将针从草堆里轻易地找出来? 卡洛尔(Sean Carroll)①曾经在《科学美国人》的一篇文章宣扬他的一个观点。他认为,宇宙的确开始于大爆炸,而在大爆炸发生之前,也的确存在过一个极为短暂的暴涨过程。正是这个暴涨过程难以理解,因为它的熵非常小。卡洛尔假定,在暴涨发生之前,宇宙处于一个非常特别的真空状态(其中有一定的暗能量),由于暗能量的存在,量子涨落可以使得这里或那里出现暴涨过程。如果他的理论是正确的,那么我们的宇宙就是涨落出来的,开始的熵很小就是因为量子涨落不需要熵。我们有今天,我们能够拥有生命和智慧,都和量子涨落有关。可是,卡洛尔的理论同时带来巨大的包袱,既然我们的宇宙从更大真空中涨落出来,当然也有其他宇宙涨落出来,所以多宇宙是不可避免的。

———————

① 卡洛尔(Sean Carroll),世界知名物理学家,美国国家科学院院士、美国艺术与科学院院士。他提出了自达尔文以来科学典范转移之后,几乎没有人可以回避的重要问题。

这是一个有争议的话题。另外,卡洛尔声称在别的宇宙中时光箭头可以反过来,这是一个错误的解释,因为他也承认,在那些宇宙中热力学第二定律同样成立。不同的宇宙之间时间是不可比较的,所以说时光箭头反向是一种误导。

读不懂的时间

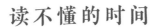

　　上一篇《时光之箭》，谈的是时间的箭头，即时间流动的单向性。我们记得过去，却不知道未来；泼出去的水收不回来，煮熟的鸡蛋不能还原成生鸡蛋；人类由小长到大，渐渐衰老，却不能返老还童。这些日常看到的现象都说明时间的单向性，这是时间最为有趣也最为深刻的特性。

　　但是，撇开时间的单向性，我们想问，在物理学中，时间究竟是什么？很遗憾，直到今天，除了一些操作性的定义，我们并不知道时间究竟是什么。时间的操作定义与人们心理上感到的时间很类似，也就是说，当我们感到变化，我们觉得时间流过，或时间在流逝。所以，时间和变化即运动有关。为了量度时间，我们需要找到可以信赖的运动，例如天体在天空中的位置的变化。一天，就是太阳升起落下和再升起，或星星在天上东升西落一个周期；一月，是月相变化的一个周期；一年，是地球绕着太阳运动的一个周期。所有这些都和周期运动有关。有时，我们觉得这样定义的时间并不准，这和周期是否是严格的有关。现代授时技术已经用到了原子钟，这是基于某些原子的跃迁频率而设计的。

以上时间的操作性定义基于一个假定，即时间的均匀性，或某种周期运动本身的均匀性。这看上去有点同义反复，但并不完全是这样。时间的均匀性和时间的另一个性质密切相关，就是物理定律在时间上的"平移不变性"，一个物理定律在一万年前是如此，一万年后也是如此。周期运动是物理定律的一个结果，所以周期运动的一个周期是均匀的。在牛顿力学中，时间是均匀流动的，在爱因斯坦的狭义相对论中，时间同样是均匀流动的。时间的均匀性和物理学中另一个深刻的现象有关，就是对称性意味着一个守恒的物理量。物理定律在时间上的平移不变性是一个对称性，其对应的物理量是能量，能量守恒和时间平移不变性是同义语。我很难用一个形象的办法解释为什么时间平移不变蕴含能量守恒，我们可以将这个关系作为物理学的一个结论接受下来。当然，如果你接受量子力学的一个基本定律，也能理解时间和能量的关系。在量子力学中，频率与能量成正比，那么，时间的均匀性意味着频率的不变性，也就是能量守恒了。

在物理学中，无论是牛顿力学体系还是爱因斯坦的狭义相对论，空间都是均匀的。就是说，你在一个实验室发现的定律，在另一个实验室同样适用。空间的均匀性也意味着一个守恒量，就是动量守恒。

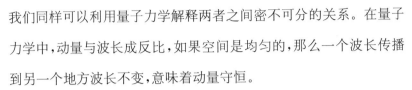

我们同样可以利用量子力学解释两者之间密不可分的关系。在量子力学中,动量与波长成反比,如果空间是均匀的,那么一个波长传播到另一个地方波长不变,意味着动量守恒。

在牛顿力学体系中,时间独立于空间均匀地流逝,即使牛顿力学具有伽利略相对性,这里的相对论性也只涉及到空间,不同惯性参照系中的空间不同,时间却完全一样。在狭义相对论中,时间不再是完全独立的,新的相对性原理要求不同参照系中的时间和空间都不同,在从一个参照系变到另一个有相对速度的参照系时,时间和空间之间有线性变换。但是,即使在狭义相对论中,时间和空间也还是完全不同的。例如,一个参照系中静止的时钟标志的两个不同的时间被看成两个事件时,在另一个参照系中不会变成同一个时间在空间上不同点的事件。用专业的术语说,类时间隔的事件不会变成类空间隔的事件,反之亦然。

在没有引力的情况下,时间和空间看起来是一种先天的存在,尽管在相对论中这种存在和运动以及事件不能分开。当引力介入时,我们应该采取爱因斯坦广义相对论的观点,不能再认为时间和空间与其他存在无关。在粒子理论中,其他存在无非是场或粒子。广义相对论告诉我们时间和空间像粒子和场一样,是由动力学决定的,一直在变化、弯曲。时间和空间的量度本身不是给定的,而是演变的。但是有一点广义相对论也没有完全改变,就是事件的集合形成的连续体本身似乎有某种意义上的独立性,虽然事件之间的时空关系(是类时间隔还是类空间隔,以及量度)不能独立于物质。

和现代引力理论一样，量子力学也给予时间特殊的地位。在决定波函数演化的方程中，时间被单独地挑出来。波函数决定一个物理系统的一切，含有在一个给定时间系统的全部信息。如果我们想得到该系统在另一个时间的全部信息，我们就会用到波函数在时间中的演化方程。有人试图将演化方程"协变化"，即把时间和空间尽量放在同等的地位，时间依然与众不同。如果我们将引力和量子力学结合起来，会发生让时间显得更为独特的事情，因为时间和空间本身也是动力学变量，我们不再有演化方程，我们只有"静态"的方程，这个"静态"方程决定的波函数其实隐含着时间，因为时间只是波函数中的一个动力学变量。但是，如果我们试图给予波函数一个物理解释，我们似乎不得不挑出某一个变量作为时间（例如宇宙的平均大小，或者某处的一个变量如你们家的时钟）。从这个角度来看，尽管可以用几乎是"任意"的变量来作为时间，但一旦将这个时间取好了，它就是标志整个宇宙的时间，有某种意义上的"绝对"性。

对时间是否是绝对的，目前还存在争论。多元宇宙观点认为，我们的宇宙只是时空上相互连通的很多宇宙的一部分，我们原则上不能与多元宇宙中的其他部分建立联系。既然不能建立联系，谈我们的时间就是他们的时间就变得没有意义，也就是说，多元宇宙不同的部分有着独立的不同的时间。李·斯莫林（Lee Smolin）[1]反对多元宇宙论，认为宇宙中只有一个时间。上面提到的量子力学和引力的结

① 李·斯莫林（Lee Smolin），理论物理学家，主要从事量子重力理论的研究。他是加拿大理论物理研究院的创办者之一，同时他也是《物理的疑题》一书的作者。

合的结果似乎支持斯莫林的观点(这样也就不该存在多元宇宙)。不过,我们对宇宙波函数的物理意义并不清楚,所以,现在就排除多元宇宙似乎为时过早。总之,时间在物理学中仍然是一个最难以理解的概念。

时光探险

　　就时光旅行或时光机器这个话题我大概写过至少两篇文章，每次涉及的无非是大众对回到过去的兴趣，以及与此相关的电影。

　　让我印象深刻的涉及回到过去、或从未来回到现在的电影自然是四部《终结者》电影，该电影的前两部由詹姆斯·卡梅隆执导，前三部由阿诺德·施瓦辛格主演。故事情节大致是，到了 2029 年，机器和电脑统治了世界，而人类则在抵抗领袖约翰康纳带领下与电脑作战。电脑为了彻底解决这个问题，派了机器人回到过去企图在康纳出生之前杀死康纳的妈妈，失败后又派更加强大的机器人回来杀康纳本人。再次失败后，电脑又派回功能更加强大的女机器人。当然，好莱坞的桥段不论如何变，最后自然是代表正义的人类胜出。

　　与时光旅行有关的著名中文小说，应该是黄易的《寻秦记》了。

男主角项少龙是一名现代特种部队的士兵，参加了时光机的实验，被从 21 世纪搬到了秦始皇即位的前一年，通过一系列活动改变了中国历史。

　　不论是小说还是电影，人类或者机器人回到过去的目的基本是一样的，就是为了改变历史。那么，从科学角度来看，历史可以这样被改变吗？多数物理学家认为，这肯定是不可以的，尽管这个话题是人们最感兴趣也寄以很大希望的话题。你想，有几个人会对自己走过的路满意呢？谁不想重新活一回，能够活得更好些，或者更有价值一点？当然，也有些人纯粹出于好奇，想回到古代看看。例如，我非常想到古希腊看看，想体验一下那些逍遥的希腊艺术家、文学家和哲学家们的生活方式。如果可能，我也想回到盛唐时代的长安看看，听听万户捣衣声。当然，我是写现代诗的物理学家，可不想和李白等人面对面地聊天，怕美学思想差距太大。

　　与时光旅行相关的一个具有宗教感的电影，是根据已经去世的著名天文学家和科普家卡尔萨根的小说改编的电影叫《超时空接触》。电影中那个巨大的时光机器是按照从外星收到的信号指示做的。女主角艾莉（茱迪·福斯特饰）在极短的时间内做了一次不可思议的旅行，但谁也不相信她说的故事，因为时光机在启动之后很快就坏掉了，艾莉的座舱直接掉到海里了。那么，到底发生了什么？原来艾莉确实通过虫洞旅行到了织女星，并见到了她去世很久的父亲。超时空旅行是真的，而艾莉所见到的父亲则是外星人通过下载艾莉的记忆模拟的，艾莉会见父亲的那片飘渺美丽的海滩也是虚拟的。

通过虫洞可以缩短空间距离

　　在物理学中，虫洞在原则上是存在的，我们可以利用虫洞来缩小空间上的距离。如上图所示，在一个两维的世界（即平面世界），有两点相距很遥远，比如说一个是我们银河系的所在，一个是另一个和银河系类似的星系所在，也许相距有成千上万光年。即使我们用最大可能的速度光速来旅行，在我们一生中也不可能到达（我们暂时不谈将时间缩短的相对论效应），我们有什么办法从我们的星系到达那样遥远的地方呢？如果宇宙真是一张巨大的两维的纸，我们可以弯曲这张纸，在两点各开一个圆洞，然后用一个很短的柱状物将两个圆洞连接起来。如果这个圆柱很短，那么在两维世界中我们就可以通过这个圆柱旅行到另一点。这是两维的虫洞。现在，我们需要发挥一下想象力，将这个两维玩具式的虫洞推广到我们居住的三维空间。

　　前面谈的只是空间旅行。要实现时光旅行，我们就需要利用虫洞制造时光机。原理大致如下，虽然物理学上这样的虫洞能否实现极具争议。与前面类似，现在这个虫洞不再是连接两个遥远星系的虫洞，而是连接地球上两个城市的虫洞。这个虫洞即是在我们看到的时空之外的一个时空通道（见下图）。假想上方那个出口位于北京，下方出口位于南京。通常我们从北京去南京，要从正常的我们地球上的路径走，不论是坐火车还是坐飞机。现在，我们建议用这个虫洞制造一个时光机。这很简单，我们想办法将位于南京（下方）那个出口加速再减速，然后放回到南京。狭义相对论告诉我们，如果此时一直待在这个出口的人与住在南京没有动的人对照时间，南京人的时间过得快了，也许与出口的人相比，相差了一百年。待在出口人觉得还是 2019 年，而位于南京的人已经在 2119 年了。如果这个时候一位南京人进入这个出口旅行到北京去，他发现北京还处于 2019 年，他从未来回到现在了。这很像《终结者》中的机器人，从未来回到现在。

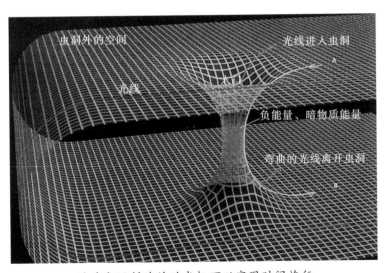

通过虫洞制造的时光机可以实现时间旅行

将上面的时间平移一下,南京人就可以从 2019 年回到 1919 年。从我的描述可知,南京的那个出口至迟也得在 1919 年开始加速和减速运动。也就是说,这个时光机的制造不得晚于 1919 年。

　　但是,制造这么一台时光机我们需要负能量,迄今为止我们还没有发现负能量。物理学上,有很多理由认为负能量并不存在,从而这台假想的时光机永远不可能被制造出来。但是,少数物理学家还一直在写论文,企图找出一个解决办法。尽管我本人也不相信时光机会被制造出来,我愿意和大家在喝咖啡的时光聊一聊这种可能,毕竟,我们的生活需要想象来加以丰富。

时 间 与 空 间

一、经典的时空

时间与空间这两个概念是物理学的基石,也是我们人类甚至动物依靠直觉就具备的概念。

我们判断一个物体的位置,我们从一个地点走到另一个地点,涉及到空间这个概念。在小学,我们就开始学习一些简单的几何概念,例如三角形,三角形中的三个角有锐角、钝角和直角。到了中学,我们还学一点立体几何和解析几何。在这些初步几何课程中,基本的几何对象有点、线、面和体,这些分别对应于零维的对象,一维的、两维的和三维的对象。所以,维度这个概念我们从小学就开始接触了。而在日常生活中,不必通过学习我们就具备这些直觉概念。例如两维,我们有东西南北方向,对应于两个垂直的轴分别在两个方向上的延长。要决定平面上的一个点,我们只需要给出两个座标,每个座标就是对应轴的投影位置。我们生活在三维空间中,在东西南北之外,我们还有上下的概念,也就是在两个座标外添加了第三个座标。

我们还很早就学习了勾股定理,即一个直角三角形中,直角的两个边长的平方之和等于弦长的平方,这是欧几里德几何学中最基本的定理之一。我们还可以将这个定理推广到三维空间中去。我们称这个定理成立的空间为欧几里德空间,简称为欧氏空间。这是最简单的空间。

在球面上画一个三角形,勾股定理不再成立,而且,三角形的三个内角之和大于 180 度。所以,球面不再是欧氏空间。这个非欧几何我们普通人就能发现,因为我们经常看到球面。在 19 世纪,几位重要的几何学家还发现,除了平面几何和球面几何,还存在第三种几何,在这个几何中,三角形的内角之和小于 180 度。这种几何叫做罗巴切夫斯基几何,因发现者罗巴切夫斯基而命名。同时发现这个几何的还有高斯。但罗氏几何反直觉,当时没有很快被人们接受,高斯其实早于罗巴切夫斯基发现这个几何,但只在通信中对朋友解释了他的一些想法。高斯甚至还通过大地测量来决定我们的空间到底是欧氏几何还是非欧几何。

后来,黎曼甚至认为非欧几何也要推广,在黎曼那里,空间可以任意被弯曲。

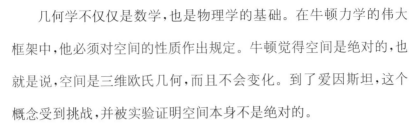

几何学不仅仅是数学，也是物理学的基础。在牛顿力学的伟大框架中，他必须对空间的性质作出规定。牛顿觉得空间是绝对的，也就是说，空间是三维欧氏几何，而且不会变化。到了爱因斯坦，这个概念受到挑战，并被实验证明空间本身不是绝对的。

时间和空间一样被我们的直觉所感觉，我们知道两件事分先后，时间在不断地流逝，我们也会随着时间的流逝而成长和衰老。

尽管我们能实实在在地感受到时间，并常常为时间的易逝而感伤，时间到底是什么？这并不好回答，至少，严格的回答并不简单。我们先从牛顿的经典时间谈起。时间的操作定义与人们心理上感到的时间很类似，也就是说，当我们感到变化，我们觉得时间流过，或时间在流逝。所以，时间和变化即运动有关。为了量度时间，我们需要找到可以信赖的运动，例如天体在天空中的位置的变化。一天，就是太阳升起落下和再升起，或星星在天上东升西落一个周期。一月，是月相变化的一个周期。一年，是地球绕着太阳运动的一个周期。所有这些都和周期运动有关。有时，我们觉得这样定义的时间并不准，这和周期是否是严格的有关。现代授时技术已经用到了原子钟，这是基于某些原子的跃迁频率。

以上时间的操作性定义基于一个假定，即时间的均匀性，或某种周期运动本身的均匀性。这看上去有点同义反复，但并不完全是这样。时间的均匀性和时间的另一个性质密切相关，就是物理定律在时间上的"平移不变性"，一个物理定律在一万年前是如此，一万年后也是如此。周期运动是物理定律的一个结果，所以周期运动的一个周期是均匀的。在牛顿力学中，时间是均匀流动的。

还是爱因斯坦，彻底推翻了牛顿的绝对时间概念。在他的相对论中，时间并不绝对，对于两个事件，不同的人看到它们发生的时间间隔不同。有时，一个人看到 A 事件发生在 B 事件之前，而另一个人可能看到 B 事件发生在 A 事件之前。这种离奇的事确实会发生，只要两个人以非常大的相对速度运动。当然，如果 B 事件是 A 的结果，那么任何观测者都会看到 A 事件先发生。

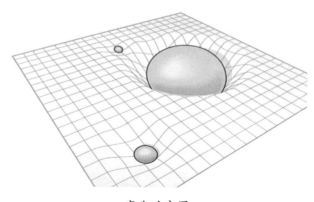

弯曲时空图

爱因斯坦走得更远，他认为，万有引力其实是时间和空间弯曲的结果。在他的理论中，时间和空间不是独立的弯曲的，而是交缠在一起弯曲的。举个例子，地球的万有引力使得地球周围的时空弯曲，不同高度的时钟走的快慢不同，这种快慢不同就是时间弯曲，但又是在不同地点发生的。

二、演化的空间

既然时间在不同的空间地点流逝的速度不一样，同样，空间上的两点距离也可能随着时间的变化而变化。宇宙大爆炸就与此有关，我们难以想象三维的空间如何变化，但我们可以想象两维的空间随时间变化。例如看一个气球，气球的表面是两维的，当我们吹气时，球面的面积就会变大，气球上任何两点的距离也会变大。当我们这样看气球时，自然是将气球放在三维空间里看的。我们也可以设想一个没有镶嵌在三维空间中的一个抽象的两维球面，就像气球一样随时间变大。将这个抽象的图像推广到三维，就是我们宇宙的膨胀。

精确的天文观测以及对一些宇宙中结构辐射和物质的测量表明，宇宙不仅在膨胀着，而且还起源于大约 137 亿年前的一次大爆炸。这个大爆炸不同于我们见过的炮竹爆炸和炸药爆炸，后者是在一个小范围爆炸到大范围。而宇宙爆炸就像一个急速膨胀的三维气球，每两点之间的距离都急速变大。在开始的时候，宇宙中的每一点的温度都非常高，远远高于太阳内部的温度。随着宇宙的膨胀，温度降低（就像过冷气体的膨胀一样，温度会下降）。开始的时候，宇宙中所有粒子形成同一个温度的混合气体，当温度下降到近 3000 度的时候，宇宙变得透明，光开始与物质分离，光的温度和物质的温度开始变得不同，而物质慢慢地在引力作用下开始一块一块地成团，开始形成现在我们看到的恒星的种子。恒星慢慢形成，然后是很多恒星一起形成类似我们银河系的星系。比星系更大的是星系团。

最近十年来，宇宙学家、物理学家和天文学家一道发现了一些更加令人目瞪口呆的事实。其中一个最"离谱"的事实是，宇宙看上去不仅在膨胀，而且膨胀的速度还在变大。为什么说这看上去很离谱呢？原因是，我们知道万有引力一直是引力，任何两团物质之间都存在引力。所以，宇宙尽管会膨胀，但在引力的控制下膨胀的速度会降低，这就像我们向上抛掷苹果，尽管开始我们给苹果一个很快的向上速度，但苹果受到地球的引力，速度会越来越慢。同理，宇宙一开始因大爆炸的原因变得越来越大，但变大的速度会随着时间降低，最后可能会停止膨胀，然后甚至会收缩。在 1998 年前，科学家一直相信这是正确的图像。但 1998 年的一个重大发现告诉我们事实不是这样的，宇宙膨胀的速度越来越大，就像被抛掷的苹果向上升起的速度越来越大一样（当然这不是事实）。换句话说，在宇宙的尺度上，似乎还存在斥力，这个斥力就是宇宙膨胀加速的原因。我们现在流行的说法是，某种暗能量的存在引起斥力，这个斥力使得宇宙膨胀的速度越来越大。而暗能量在宇宙中无所不在，并且是均匀的。暗能量是新世纪物理学和宇宙学最大的谜题之一，甚至可以说就是最大的谜题。

天文观测还告诉我们，在宇宙大爆炸"之前"，也就是说，在那团极高温气体出现之前，宇宙可能是冷的，而且也是加速膨胀的，加速度比现在宇宙膨胀的加速度要大得多，宇宙在极短极短的时间内膨胀了至少 26 个量级！然后，那个时期的"暗能量"才释放出普通物

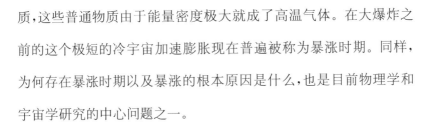

质,这些普通物质由于能量密度极大就成了高温气体。在大爆炸之前的这个极短的冷宇宙加速膨胀现在普遍被称为暴涨时期。同样,为何存在暴涨时期以及暴涨的根本原因是什么,也是目前物理学和宇宙学研究的中心问题之一。

三、时间和空间的起源

既然宇宙起源于大约 137 亿年前的大爆炸,一个自然的问题就是,在那之前宇宙是什么样子的? 存在空间吗? 存在时间吗?

前面我们说过,科学家普遍认为大爆炸之前还有一段很短的暴涨时期。那么,暴涨时期之前宇宙是什么? 这是科学家各有各的说法的问题。下面我们罗列一些可能的说法。在罗列这些说法之前,我们先强调一点,就是,所有科学家都同意,要真正弄清这个问题,我们要理解两点:第一,引力在极小空间距离上是继续遵循爱因斯坦的理论,还是有很大的修改? 特别是,量子论彻底修改了引力吗? 第二,与上一点相关的是,时间和空间这些古老的概念,即使通过爱因斯坦修正,还成立吗? 是否空间距离短到一定程度,时间短到一定程度,时间和空间根本不存在了? 取而代之的是其他概念。就像在原子尺度上,连续物体的概念不成立了,被一个一个分子原子取代了一样。物理学家努力奋斗了半个世纪,还不能确切地回答这两个问题。下面是宇宙关于"宇宙存在之前"各种学说不完全名单。

1. 霍金以及他的一些合作者认为,在暴涨时期之前,什么都不存在,既不存在时间,也不存在空间。宇宙是从"无"中产生的,也就是说，在宇宙诞生之前，只有某种看不见的空间的量子涨落。宇宙空间是突然从这种看不见的量子涨落中冒出来的。

2. 有一个意大利小学派认为，在宇宙存在之前，存在一个"前宇宙"，这个前宇宙与我们现在这个宇宙没有多少不同，只是，那个前宇宙晚期一直在缩小，缩小到一定程度又开始膨胀。他们声称，这个假说是超弦理论预言的，但我们只能说这只是一家之说，弦论预言前宇宙也是完全他们的一厢情愿。

3. 在暴涨时期之前，宇宙可能处于任何一种状态，而暴涨是偶然发生的，这是所谓永恒暴涨学说。永恒暴涨学说认为，真正的宇宙远远比我们看到的宇宙要大得多，我们的宇宙只是一小块区域，这个区域起源于暴涨，然后暴涨结束，产生物质。宇宙的其他区域还不断地产生暴涨，有的会结束，有的不会结束。永恒暴涨理论就是一锅巨大无比的开水，有的地方产生气泡，这个气泡形成一个宇宙，有的地方不形成气泡。然后，气泡之中又产生小气泡，以致无穷。

4. 多元宇宙论。这个理论其实是建立在前面的永恒暴涨理论之中。这个理论认为，真正的宇宙很大很大，里面有很多不同区域，其中之一是我们这个宇宙。每个区域中的物理规律不同，例如万有引力常数不同，电子的电荷不同，甚至有的地方没有电子而有其他粒子。多元宇宙很可能是弦论的预言。但弦论家们就这个问题还在争论。

5. 以上都不正确。正确的理论还没有被推导出来，我们需要理

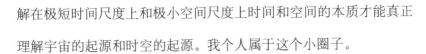

解在极短时间尺度上和极小空间尺度上时间和空间的本质才能真正理解宇宙的起源和时空的起源。我个人属于这个小圈子。

总之,时间和空间的本性以及宇宙的起源息息相关,甚至与目前我们这个巨大宇宙的一些不可理解现象也有关系,例如为什么存在暗能量,暗能量是什么？我们处于一个物理学的突破前夜。

探测时空极限

大型强子对撞机，英文简写为 LHC，是最吸引人眼球的科学装置和实验。该装置位于日内瓦附近的瑞士和法国交界处，主要部分安置在一个周长为 27 千米的隧道中，该隧道最深达 175 米。这个隧道并不很新，建造于 1983 年到 1988 年之间，曾经安置过大型正负电子对撞机（LEP），这台同步加速器为了给 LHC 让路在 2000 年就关闭了，但成果斐然。在运行的 11 年间，精确确定了粒子标准模型中迄今发现的重量排名第二和第三的两个粒子的质量，即所谓中间玻色子的质量，同时也精确确定了标准模型中的很多其他参数。可惜，这台加速器并没有发现标准模型的最后一个粒子，希格斯粒子。

大型强子对撞机的主要目的是完成大型正负电子对撞机的未竟事业，找到希格斯粒子。当然很多物理学家还期待大型强子对撞机带给我们更多的惊喜，即超出标准模型之外的新粒子和新物理。

在谈 LHC 运行一年多的发现之前，我们先简单说说加速器是什么，我们为什么要建造这些庞然大物。我们知道，我们用肉眼看东西有尺寸上的限制，原因是我们只能看到可见光，而可见光的波长最短是 0.39 微米即 390 纳米。光学以及量子力学告诉我们，要看到更小的东西我们需要更短的波长。例如，X 光的波长最短达 0.01 纳米。短波的 X 射线由于波长极短，可以穿透固体，可以探测固体内部以及可以为固体结构成像。同理，更短波长的伽玛射线可以探测更小的尺度。物理学家为了探测亚原子结构，还需要其他高能粒子，如正负电子和质子以及反质子。粒子的能量越高，波长也越短（物质波的波长），这样就可以探测到更小的尺度。最早的粒子加速器是 Cockcroft－Walton 倍压器，利用电压来加速电子。现在的粒子加速器五花八门，从直线加速器到回旋加速器。

大型强子对撞机是同步加速器，利用磁铁的磁场让质子沿着弯曲的轨道跑，磁场只包含粒子束，比起整个加速器的尺度要小得多。在隧道中，有两个平行的粒子束管道，每个管道含有一束质子。两个粒子束管道在隧道的四个节点交叉，使得两束相反方向运动的质子碰撞。整个加速器用了 1600 个超导磁铁，最大的磁铁重量超过 27 吨。最高单个粒子设计能量是 7T 电子伏，这里 T 是 10^{12}，即一万亿。我们也可以用速度来想象质子达到的能量，我们知道，相对论告诉我们任何物体最高的速度是光速，一个能量为 7T 电子伏的质子的速度与光速只差了不到一亿分之一。

质子在加速器的四个交叉点碰撞，科学家在这些交叉设置了六个探测器，这些探测器是用来记录和测量粒子碰撞后的结果的。物理发现将在这些探测器上做出。其中比较显著的是四个探测器，名称分别为 ATLAS（虽然是一些英文词的缩写，却与希腊神话中的大力神巨人同名，他用双肩将天扛起）、CMS、ALICE、LHCb。

LHC 的主要目标是发现希格斯粒子，这是标准模型中最后一个还没有被发现的粒子，却是最重要的一个。这是因为，标准模型中的所有粒子开始时都没有质量，希格斯粒子就像上帝的使者，它的存在改变真空，而其他粒子通过与希格斯的关联获得质量。所以，为了最后验证标准模型，希格斯粒子是否存在至关重要。另外，希格斯粒子也是最有可能与我们还没有发现的新物理规律相关联的。例如，也许存在超对称，超对称的存在预言至少有两个希格斯粒子。很多理论家还期待 LHC 将发现三维空间之外的额外维、超弦理论的迹象、以及暗物质的迹象。四个探测器的主要科学目的不同。ATLAS 用来寻找新物理规律以及希格斯粒子和粒子的质量起源；CMS 也是用来寻找希格斯粒子的，同时寻找暗物质的迹象；ALICE 主要的科学标目是研究夸克−胶子等离子体（后面我们要侧重谈到）；LHCb 的主要目标是研究为什么我们宇宙中存在物质与反物质的不对称。

我本人期待 LHC 将给我们带来意想不到的收获，而不是像理论家们期待的那样看到超对称甚至超弦理论的迹象。我对 LHC 是否会发现额外维以及小黑洞持有极大的怀疑态度。我觉得额外维和小黑洞的宣传主要是欧洲核子中心的公关策略。据说，LHC 的科学宣

传策划已经被写进媒体教科书。

有些理论家，成天制造不同的理论，希望制定出一份周详的菜单，不论 LHC 发现什么，都在他的菜单上。这些菜单的制造，基本建立在一个或两个假想的问题上，而不是实验的启示。我觉得爱因斯坦的话值得铭记："上帝是微妙的，但他不怀恶意。"什么意思呢？就是上帝大概不会被你无缘无故地猜中，但最终他还是愿意告诉你他自己的计划。

从 2008 年到今天，全球关心所谓宇宙秘密的人，总是会被 LHC 的新闻所吸引。2008 年 9 月 10 号，LHC 第一次启动，经过一段时间的运转，9 月 19 号因为冷却系统的故障 53 个磁铁损坏了，LHC 被迫关闭。修复是一个漫长的过程，因为还涉及到整个系统的检查、清理和调试。经过一年多的辛苦工作，终于在 2009 年 11 月 21 号重新启动。11 月 24 号，LHC 的四个探测器都检测到相反运动的两个粒子束的碰撞，这些粒子束含的是质子，每个质子的能量能达到 450 京电子伏（1 京＝10 亿）。这个能量当然还远远低于设计的 7000 京电子伏。到了 11 月 30 号，一个纪录产生了，被加速后的每个质子的能量达到 1180 京电子伏，超过了过去的纪录 980 京电子伏（美国国立费米实验室的纪录）。

我过去写过，按照最乐观的期望，LHC 运行的第一年，也就是 2010 年，不要指望 LHC 能带给我们任何激动人心的消息。现在，2010 年过去了，虽然 LHC 一直平稳而有效地工作着，的确没有给我们带来新物理发现。但有一些正常与有些出乎意料的发现还是值得书写的。

首先,LHC还没有达到预计的最大能量。现在每个质子的最高能量是3.5T电子伏,是设计能量的一半,这个能量是2010年3月份达到的,在接下来的时间中,加速器主要是增加质子束的亮度——即每束粒子含有的粒子个数,个数越多,碰撞的机会才越大,才越有可能看到新物理。ATLAS的科学家们很快就看到了标准模型中的中间玻色子,但并没有看到任何不同寻常的新物理现象。

到了2010年9月份,第一个重要新闻发布了。在经过大约半年的粒子碰撞后,CMS探测器收集到足够的数据看到了一些非常有趣的现象。他们似乎看到了夸克-胶子等离子体,这是位于美国的布鲁克海文实验室的一台叫做RHIC的加速器在比较低的能量上已经看到的。由于LHC的能量更高,如果夸克-胶子等离子体在高能量段还具备完美的液体性质,在实验和理论上都是令人兴奋的进展。

那么,什么是夸克-胶子等离子体?科学家们为什么因为看到这种等离子体而兴奋?他们甚至说,他们实现了可与宇宙大爆炸相比的"小爆炸",这种小爆炸又是什么意思?

我们知道,通常我们看到的物质的主要成分是原子核,原子核由质子和中子构成。再下一层结构是夸克,质子和中子都是由夸克构成的,每个质子或中子含有三个夸克。当然,三个夸克的说法是在寻常的能量上。如果我们试图看到更多的细节,我们会看到胶子,这些胶子是将夸克强力地约束在一起的粒子,起了类似"不干胶"的作用,当然其力度比起不干胶可要强多了。其实,当我们用能量轰击质子

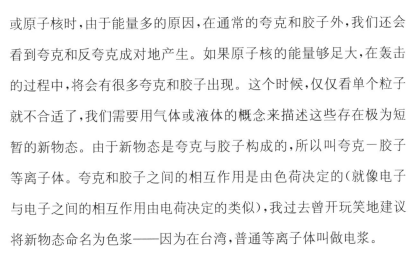

或原子核时，由于能量多的原因，在通常的夸克和胶子外，我们还会看到夸克和反夸克成对地产生。如果原子核的能量够足大，在轰击的过程中，将会有很多夸克和胶子出现。这个时候，仅仅看单个粒子就不合适了，我们需要用气体或液体的概念来描述这些存在极为短暂的新物态。由于新物态是夸克与胶子构成的，所以叫夸克－胶子等离子体。夸克和胶子之间的相互作用是由色荷决定的（就像电子与电子之间的相互作用由电荷决定的类似），我过去曾开玩笑地建议将新物态命名为色浆——因为在台湾，普通等离子体叫做电浆。

夸克-胶子之间的相互作用非常强，即使在极高能，也不能忽略它们之间的力。但理论家们分为两派，一派认为色浆是气体，至少在较高的能量上，色浆的表现像气体。另一派则认为色浆是液体，而且还不是普通液体，是粘滞性很低的液体。气体和液体的粘滞性与粒子之间的力大小有关，力越大，粘滞越小，如果粘滞为零，我们叫这种液体为完美液体。在宇宙大爆炸发生后不久，宇宙就是一种液体，由正负电子、夸克与胶子以及其他粒子组成。所以，研究夸克与胶子等离子体的性质就与大爆炸有关了。在加速器上，由于实现的空间与时间相对小和短，人们就将这种事件称为"小爆炸"。

研究色浆的第一个实验是 RHIC。RHIC 是 Relativistic Heavy Ion Collider（相对论重离子对撞机）的缩写，在位于美国长岛的布鲁克海文实验室。我印象中这个实验早在 20 世纪 90 年代初就计划了，那时弦论陷入一个周期性的黑暗中，我为了未来开始研究一点夸克和胶子的色动力学。那时我在明尼苏达大学参加了一个会议，会上有名的理论物理学家 Bjorken 就大事宣传 RHIC 的实验。RHIC 总共花了多少钱？到 2005 年一共花了 11 亿美元。

RHIC 除了加速质子和氘外，还加速重离子，被加速的重离子有铜和金（在中国历史的发展中占重要地位）。RHIC 的目的是产生胶子夸克等离子体，研究夸克禁闭失效后的性质。探测这种等离子体性质的一种方法就让一个带有横向动量（与碰撞的方向垂直）的夸克穿过等离子体，观测产生的喷注数目。当夸克或胶子带着很大的动量跑出等离子体时，产生的东西就叫喷注。通常，我们可以想象，喷注是成对地发生的，一个喷注在一个方向上产生，相反的方向上就会出现另一个喷注。

一些理论家们预期色浆是是强作用的液体，不但粘滞小，喷注跑出来的时候动量也不大了，并且成对的喷注并不对称，这就叫喷注淬灭。非常小的粘滞系数和淬灭都被 RHIC 实验证实了。但是，总有一伙人是怀疑论者，他们觉得 RHIC 上用金子碰撞出来的不是色浆，色浆也不见得是理想液体。他们认为，如果色浆的温度再高一些，色浆就变气体了。

2010 年 9 月份，CMS 在质子碰撞中看到色浆的迹象。LHC 在 2010 年 11 月份开始加速铅原子核，使得每个核子（即原子核中含有的质子和中子）的平均能量达到 1.38T 电子伏，远远高于 RHIC 实验。这些实验在 2010 年 12 月 6 号结束。在不到一个月的实验中，几个探测器都看到了色浆，而且与那些怀疑论者所持的想法相反，色浆在高温下依然是粘滞很小的完美液体，并且，喷注淬灭效应更加明显了。ALICE探测器与ATLAS探测器发表在物理评论通讯2010年12月13日那一期上的两篇论文是LHC运行了一年的最好总结。

我们总结一下，大型强子对撞机(LHC)的第一年运行非常平稳，虽然因为时间和亮度的关系，还没有发现希格斯粒子与新物理(超对称也好，小黑洞也好，额外维也好)，但很好地验证了标准模型，以及实现了"小爆炸"，证实了色浆是一种完美液体，这对研究早期宇宙很有帮助。

注：这篇文章是2011年写的。一年后，希格斯粒子被LHC发现了，这项发现使得两位理论物理学家获得诺贝尔物理学奖。目前，这个粒子的质量大约是125京电子伏，并且准确到个位数。文章提到的色浆的实验进展巨大，其粘滞已经达到极小。当然，并不为零，和理论家利用弦理论预言几乎完全一样。

黑洞、虫洞和时光机器

自从有了爱因斯坦的广义相对论以来,时光机器成了物理学家的一个严肃的研究对象。在此之前,科幻小说作者赫伯特·乔治·威尔斯在 1895 年写了一部小说《时光机器》,小说的主角是一位业余发明家,他发明了一部可以在时间中旅行的机器。将时间看成第四维:如同我们可以从空间的一点走到另一点,时光机器可以帮助他从一个时间走到另一个时间,既可以走到未来,也可以回到过去。

作品中,时间旅行者旅行到未来看到富有阶层在 80 万年后演化成没有智力、不会生病、不需要工作从而虚弱的人种,而劳动阶层演化成野性十足的类似大猩猩的人种。在更加遥远的未来,地球停止自转,水星和金星被太阳吞食,渐渐地太阳变成红巨星,地球上不再存在生物。

其实，爱因斯坦的狭义相对论早就允许我们穿越到未来。所谓双生子"佯谬"说的就是这个：一对双胞胎中的一位留在地球上，另一位乘接近光速运动的飞船飞了一圈回到地球上，由于时间缩短的效应，他回来时还很年轻，而同胞兄弟已经很老了，甚至已经不在人世了。这就等于乘坐飞船的那位到了地球上人类的未来。同样，为了飞离银河系，我们也需要相对论时间缩短效应。银河系最长的直径有十万光年，如果时间不变，即使我们乘坐光子飞船，到达其他星系也需要数万光年。考虑到时间缩短效应，只要飞船的速度足够接近光速，我们就可以在有生之年移民其他星系。万一超光速是允许的，我们甚至可以想象来一个回到过去的穿越。可惜，2011 年 9 月份意大利地下实验室的 OPERA 实验"发现"超光速中微子的结论极有可能是错的，所以，企图通过超光速回到过去的梦想只好暂时打住。

爱因斯坦在发现狭义相对论后不久，又发现了广义相对论。在广义相对论中，时间和空间不再如牛顿力学体系中那样是恒定不变的，空间可以弯曲，时间也可以弯曲。其实，地球在万有引力作用下绕着太阳运动可以解释成地球在太阳产生的弯曲时空中沿着"测地线"运动。所谓测地线，如果不计入时间的话，就是短程线，计入时间的话，就是时间极大线：给定四维时空中的两个点，一个质点在弯曲时空中从一点运动到另一点的测地线使得这个质点的固有时极大。换句话说，即使在地球的引力场中做抛物线运动时，一块石头"愿意"沿着最长时间的路径走。

时空弯曲导致黑洞的存在。黑洞就是时空中的一个区域，在这个区域内,任何东西都不可能逃离。这个区域存在一个边界,在这个边界上,时间"静止"了。也就是说,任何在这个边界上的正常运动在一个站在外部的人看来无限慢。这就是使得穿越到未来再一次成为可能。假想我们坐一艘飞船到一个黑洞附近旅行一趟,然后再回来。当我们接近黑洞边界时,我们虽然还正常生活着,但在遥远的地球人看来,我们的一举一动非常之慢,也就是说,我们的一秒可能等于地球时间的一年甚至更长。这样的话,当我们回到地球时,我们还很年轻,地球上的同时代人很可能已经不在世了。

公众感兴趣的另一个话题是虫洞。虫洞其实就是一种从空间一点到另一点的捷径。如果相对论不允许超光速存在,那么我们就不可能访问远离我们的天体。想象一下,银河系的最大直径是 10 万光年,也就是说,光从一端走到另一端要花 10 万年时间,所以人类在有生之年不可能访问哪怕是银河系内的足够远的星球。将相对论的时间缩短效应加进来,也许旅行者自己可以访问那个星球,当他回来时,早已物是人非了,这种旅行对没有旅行的人没有任何意义。如果虫洞存在,也许我们就可以做到这一点了。的确很难在我们生活的三度空间中想象虫洞,下面我们用一个两维的平面的例子类比虫洞。取一张白纸,将白纸弯曲过来,如下图。很明显,一个平面动物沿着红线指示的方向走,从一点走到另一个相对的点可能会很远。如果我们在这两个相对的点加上一个同样是两维(也可以是纸做的)的圆筒,现在平面动物顺着绿线指示的方向沿着圆筒走,路途就近多了。我们常常说到的虫洞就是三维空间中的这样的"圆筒"。

与时间旅行相反,即使是爱因斯坦的理论也不允许虫洞的存在。当然,现在还没有人能够严格证明这一点,但人们在研究方程的时候常常发现负能量才能够产生虫洞。虫洞如果存在,也能够被利用制造时光机器。将虫洞的一个出口相对另一个出口加速绕一圈再回来,就能形成时光机器了。

模拟黑洞

无论对物理学家还是对公众来说，黑洞一直是引人入胜的话题。记得我开始读研究生时，看到一本专业书，上面有很多黑洞塌缩的图以及霍金蒸发[①]的图，上面画了很多光锥，以及蒸发出来的粒子。

在引力理论中，光锥几乎就是一切。在每一个时空点上，光锥就是光在各个方向走出来的锥面。想象一个只有一度空间的时空，空间和时间组成一个平面，在平面的任一点上，光可以走两个方向，所以光锥就是一个十字，向上的楔形叫未来光锥，因为光顺着楔形走向未来，向下的楔形是过去光锥，光从过去走向楔形顶点。再想象一

---

① 1974年，史蒂芬·霍金发现了黑洞的蒸发现象，从而改变了黑洞的经典图像：黑洞已不是完全"黑"的，也不单纯是个"洞"，它既可以通过吸积物质使质量增加，也可以向外发射物质，而使质量减小。

下，如果有两度空间，加上时间我们有三维的时空图，光锥此时就真的是锥面了。在真实世界里，空间是三维的，时空是四维的，所以光锥其实是三维的。有了光锥的概念，我们就能定义黑洞了，一个黑洞，其实是时空中的一个区域，在这个区域的边界上，所有光锥都指向这个区域，说明光只能进入，不能出来，黑洞的名字就是这么来的。区域的边界叫作视界。

黑洞吞噬周围物质，发出喷流

还有一个更加形象的比喻。假想一个水域，其中有一个洞，水流向这个洞，在洞的边上，水流的速度达到一个临界值，这个速度超过水中任何物体所能达到的速度。这样，不论你如何使劲，当你到达这个边界时，你的速度总被水流的速度抵消，你只好无能为力地被吸入洞中。这个洞就是水中的黑洞，而水流速度达到临界的边界很类似黑洞的视界。

很多年前，加拿大物理学家安鲁（W.G.Unruh）就设想了这么一个类似黑洞的东西,他设想了一个流体,其中任何一处水流都有一个速度,在某个区域的边界上,流体的速度达到了流体的声速。此时,任何流体的振动都无法传出这个边界,这样,在外面的人看来,那个区域不能发出任何声音,所以这个区域可以叫作哑洞。哑洞也很类似黑洞,光波被声波取代。哑洞看上去比黑洞容易理解,因为这里只是流体的一个流速分布,没有难以想象的时空弯曲。

黑洞的一个令人惊奇的性质是霍金蒸发,也就是说,黑洞并不黑。霍金证明,量子力学使得黑洞发光,其实黑洞可以辐射任何粒子。量子论使得黑洞的视界看上去像一个带有温度的壳,这个壳可以激发出能量大约等于壳上温度的任何粒子。霍金蒸发也有一个形象的理解,在视界上,产生一个粒子对,向外跑的粒子带有能量,而向黑洞里面跑的粒子带有负能量。当带有正能量的粒子跑出来时,带有负能量的粒子使得黑洞的质量变小,所以整个过程还是满足能量守恒律的。

安鲁(W-Unruh)[①]在设想哑洞时,其实希望将来可以在实验室中实现哑洞并利用它来研究黑洞蒸发,此时,被蒸发出来的粒子叫声子,就是声的单个量子。每个声子的能量很类似光子,与声速成正比。当声子落入哑洞时,由于哑洞中流体的速度超过声速,声子的能量是负的,而跑出来的那个声子的速度大于流体的速度,能量是正的。这是霍金蒸发的一个形象理解。

———————————

① 安鲁(W-Unruh),加拿大物理学家,他最为人知的研究成果便是安鲁效应。安鲁效应简而言之就是真空不空。

安鲁的哑洞的概念是 1981 年提出来的,直到 2009 年,哑洞才真的在实验室中实现。原因很简单,让流体的速度在某个区域大于声速并不容易。做出这个实验的是以色列海法的一个小组,领头人是杰夫·斯蒂恩豪尔(J.Steinhauer)。他们利用玻色-爱因斯坦凝聚才实现了哑洞。在流体中,玻色-爱因斯坦凝聚是非常特殊的一类,其中所有组分原子都处在同一个状态中,这样的流体叫作量子流体,因为它利用了量子性质。要使得原子都处于同一个量子状态需要两个条件,第一是所有原子的自旋是整数的,第二需要将所有原子冷却从而使它们都趋向同一个低能状态。

斯蒂恩豪尔等人的实验用了铷原子,实验的关键处是让量子流体产生一个速度分布,并且让某个区域的速度大于流体的声速。为了达到这个目的,他们为原子们设计了一个陷阱。这个陷阱很像一个喷嘴。离开喷嘴的地方,陷阱的坡度比较平缓,在喷嘴区域,陷阱的坡度变得很陡。

哑洞是实现了,但似乎还没有关于霍金蒸发的结果,我们期待进一步的实验。霍金蒸发的研究也许能够帮助我们理解黑洞最为神秘的一面,就是弯曲时空中的量子力学甚至引力的量子涨落,这是理论家们困惑了很多年而不得其解的问题。

最近关于隐形电磁斗篷的研究导致可能在实验室实现真正意义上的"黑洞",我用引号是因为这不是引力中时空的效应,却是光学意义上的黑洞。隐形电磁斗篷是利用电介质的特殊电磁性质让一个物体看上去基本不反射也不折射光(广义地说就是电磁波)。既然我们可以在技术上操纵物质的介电性质，我们就可能设计出一个物体，使得这个物体的某个区域的边界上的光速变成零，这个边界就是视界了。美国伯克利国立实验室的 Xiang Zhang 领导的小组在 2008 年实现了一种人工光学物质，可以将光折回头，技术上说，这种光学物质的折射率是负的。最近，他们用纳米结构的硅实现了隐形电磁斗篷。在此基础上，他们将来可能在实验室研究黑洞以及引力透镜等天体物理学对象，由于是实验室制备的物体，我们无需花很长时间投资很多就可以研究这些奇特的引力现象了。

三维：一个幻象世界

物理学家在过去十年中对万有引力的基础研究发现，我们的世界虽然表面上看有三度空间，其实真正隐藏的世界是两维的，三维虽然是我们真实的世界，但在某种意义上说却是幻象。

这个神奇的发现是怎么得到的？很难用普通语言完全传达专业研究和发现，我们只好在解释的时候使用一些比喻。

首先，我们先理解一下空间的维度。一根线或一根橡皮筋，是一维的，一个点在线上的位置需要用一个数字来表示。一张纸，或一个皮球的表面，是两维的，纸上一点的位置需要用两个数字来表示。想象一个两维生物，他在纸上可以向前向后走，也可以向左向右走。前后的距离需要一个数字，左右的距离需要第二个数字。我们生活的宇宙是三维的，除了前后左右，我们还可以向上向下，上下需要第三个数字。所以，一个空间的维度就是确定位置需要用到的数字的个数。

以上的描述既直观又数学化，但物理学家却不是用这种简单的数学发现我们宇宙背后真实的世界其实是两维的。他们用的方法是物理学的方法，和热力学的关系很大。

在热力学中，我们通常用熵来描述一个系统的混乱度，熵越大，混乱度越大，例如，一个气体如果足够均匀，它的混乱度就很大，如果将气体的分子原子排列整齐成一个规整的方阵，混乱度就会小多了。同样，混乱度也和气体所在空间的维度有关。很明显，将气体局限在一维中，其混乱度比将气体限制在两维中要小。同理，三维空间中气体的混乱度比两维气体要大得多。直观上很容易理解上面的结论。气体的每个分子在线上只能左右移动，而在面上还可以前后移动。在三维中，分子运动又多了一个维度。气体的熵与所在维度的体积有关。物理学家可以用这种方式来解析空间的维度。

物理系统的熵还有一个特点，它通常随着能量的增大而增大。例如，多给系统加一些粒子，自由度增多了，同时能量也增大了。如果不增加粒子，而将系统中的每个粒子的能量增加，熵也会增加。通常,一个体系的温度高熵也就会更大。在现代物理学中,还有一个新的理解。如果温度高,每个粒子的能量大,那么我们利用空间的效率就更高,也就是说我们可以粗略地将空间划分成格子,熵可以说正比于格子的个数。能量高了,格子数就多了。

如果没有万有引力,我们的世界是三维的,也就是说,一个系统的最大熵最混乱状态是三维的,粒子一定会将三度的方向占满。有了引力,情况就不一样了。例如,想象我们有一个盒子,里面有气体,现在我们给盒子加温,同时在盒子里一直增加粒子的个数。如果空间是三维的,那么熵就会一直增加下去。有了万有引力,盒子里的能量高到一定程度,就会变成黑洞。再增加能量,盒子的体积就会变大。继续增加能量也会提高熵,但代价是黑洞占的体积越来越大。现在我们问,熵是如何随黑洞的大小增加而增加的?

20 世纪 70 年代初,贝肯斯坦和霍金发现,黑洞的熵不和体积成正比,而和黑洞表面(称为视界)的面积成正比,也就是说,一个盒子中的能量大到一定程度,盒子中的熵不再与体积成正比,而与表面积成正比。这说明了什么? 是不是空间到了一定程度其实是两维的?

更加深入的研究告诉我们,确实是这样,一个有万有引力的系统的有效空间其实是两维的,第三维在某种意义上来说只是幻象,可以由两维空间中的某些结构给出。在一些特殊情况下,两维上的能量越高,幻象第三维就越大。我们的世界就像两维生物看到的全息图像。过去10年,弦论的研究支持这种看法,这种全息理论甚至被应用于研究很多实际的物理系统。

2010年1月,荷兰人埃里克·韦尔兰德(Erik Verlinde)提出一种观点:"引力不仅将我们的宇宙变成两维的,引力本身也不是基本的作用力,而是一种宏观力,叫作熵力。"橡皮筋的力就是熵力,它不是分子之间力的总和,而是混乱度引起的力。这种观点目前很流行,同时也有一定的争议。

我和一些学生在我们的最新研究中发现,韦尔兰德的理论在细节上需要修改。在我们修改后的理论中,我们发现,通常的气体还含有一种隐藏着的熵,不是由分子或原子的混乱引起的,而是由隐藏的两维世界中的混乱度引起的。

如何用实验验证这些不寻常的观点?美国费米实验室的霍根(Hogan)指出,当我们观察遥远的天体时,全息理论会给我们带来某种不确定度。就是说,如果我们用胶卷拍照,天体在胶卷上的位置有一个基本的模糊度,天体越远,模糊越厉害,这是因为我们用望远镜看纵深维度的时候,这个幻象维度与胶卷上的模糊度有关。当然,由于模糊程度非常非常小,我们很难通过观测哪怕最遥远的天体发现这种模糊。

霍根说，类似的效应可以通过观察来自不同方向上光线的干涉看到。他和他的团队正在建造一种叫 holometer 的仪器（原意是测高仪，我们可以翻译成全息仪），这种仪器就是用来观察幻象第三维带来的光线干涉。我不知道霍根的理论与通常的引力全息理论之间的关系，但我倾向相信他的干涉仪会观测到新的物理现象。目前，他们已经建造好了一米长的模型，真正用来做实验的仪器将有 40 米长。

桌子上的大爆炸

　　我在过去某期《环球科学》写过一篇专栏题为《超颖材料》，介绍了这个发展迅速的方向。在那里我还提到建议用超颖材料模拟宇宙的事。

　　前几年，已经有人在实验中用超颖材料模拟宇宙的某些方面。马里兰大学电子电脑工程系的 Smolyaninov 和黄在一篇论文中报告了这个实验，实验涉及到所谓双曲超颖材料。在这种材料中，某个固定频率的光子如同在处于大爆炸初期的宇宙中传播一样。Smolyaninov 甚至建议观察熵的变化，因为宇宙膨胀方向与熵增方向吻合。如果实验确实观察到熵增了，会给我们带来宇宙大爆炸的一些有趣信息。

超颖材料作为一个既有理论又有实验的领域已经存在 10 年了。超颖材料就是人工做成的光学材料,其光学性质不是由分子原子结构决定的,而是由人工结构决定的。在 2000 年和 2001 年,人们实现了负折射率材料,这种材料将光折射到与入射光线的同一边。我们在自然界中找不到天然负折射率材料,人工造出负折射率材料使得超颖材料作为一个实验科学领域正式诞生。

材料的光学性质主要由两个参数决定,一个是介电常数,一个是磁化率,这两个常数分别决定了材料中静电和静磁性质,电磁波在材料中如何传播则同时取决于这两个参数。在透明材料中,这两个参数都是正的,而一个材料如金,介电常数是负的,但磁化率却是正的。材料的折射率是两个常数乘积的平方根,所以对于这种材料,折射率是虚数,从而材料是不透明的。前面提到的人工负折射率材料,介电常数和磁化率都是负的。俄国物理学家维克托·韦谢拉戈(Victor Veselago)于 1968 年第一次在理论上分析过这种材料,他得出结论,这种材料是透明的,但折射率是负的。在当时,还没有人敢于想象我们有一天会制造出这种材料。

研究超颖材料的科学家将很多精力花在建造所谓隐身材料上,平行光线打在这种材料上传播路线被弯曲,但出来之后还是变成原来的平行光线，似乎没有路过任何东西。这种材料当然有很大的军事应用价值，所以人们在构造出很小的只可以应用到微波波段的隐身材料之后一直致力于构造可见光波段的隐身材料。

作为理论物理学家，我对用超颖材料模拟引力场更感兴趣。既然超颖材料原则上可以任意弯曲光线，那么用这些材料来模拟引力场是很自然的事情，因为根据爱因斯坦的理论，引力就是时空弯曲，在弯曲时空中，光线走最小路径。一般地，静态时空等价于一个静态引力场。这个等价也仅仅对于电磁波而言，不适用于其他粒子传播，这一点我们需要牢记。

用超颖材料模拟引力场有很多好处，因为有些引力场很极端，例如黑洞，存在光线跑不出来的视界，我们无法靠近天文学中的黑洞仔细研究它。另外，天体形成的引力场在尺度上往往巨大，涉及的时间也很长，如果我们能够在实验室中模拟这些引力场，既省力又省时间。

所以，就有人开始用超颖材料来模拟黑洞。几年前，我和两位学生则建议用超颖材料来模拟加速膨胀的宇宙。你可能会有疑问，前面不是说过只有静态引力场才等价于静态超颖材料吗，我们如何用静态材料模拟加速膨胀的宇宙？这里有一个有趣的例子，当宇宙的相对加速度为常数时，确实存在一个角度，从这个角度看这个宇宙是静态的。在这个静态宇宙中,我们有些像居住在一个黑洞中,在宇宙的"边缘"存在一个视界。我们建议用超颖材料来模拟这个静态角度。那时,我们还计算了在这个宇宙中电磁波的零点能,发现有一项贡献非常类似暗能量。如果我们真在实验室中建造成功这种超颖材料,就可以测量这种新的零点能。

马里兰大学的 Smolyaninov 是在我们之后开始研究用超颖材料模拟宇宙学的,他最初的一项工作是建议用超颖材料模拟多元宇宙(平行宇宙)。他研究用超颖材料模拟引力有很长时间了,最初是研究黑洞和虫洞,然后几乎与我们同时建议用超颖材料研究大爆炸宇宙。他的建议与我们很不同,在他的建议中,宇宙在空间上是两维的,而不是三维的。

为什么他建议用超颖材料来模拟两维宇宙呢?这和所谓双曲超颖材料有关。在这种材料中,介电常数的一些分量是正的,另一些分量是负的。假定第一个空间方向上的介电常数是负的,那么我们研究偏振沿着这个方向的电场,并称这个电磁波为不平凡波。对于一个固定频率的不平凡波,第一个空间方向看上去就像时间。如果我们让介电常数在第一个方向上变化,那么不平凡波就像在一个随时间变化的引力场中传播,这就是宇宙了。但是,既然第一个方向被看成时间,剩余两维就是空间了。

对于一个固定频率的不平凡波，光在双曲材料中传播有些像一个质量不为零的粒子，该粒子的质量与频率成正比。在 Smolyaninov 等人的实验中，他们将一个径向方向设成第一个方向，这就模拟了大爆炸宇宙。这个实验引起了一些著名物理学家如弦论家 Polchinski 的关注。

我觉得这个研究方向很有前途，也许人们应该研究一下加速膨胀宇宙以及在加速膨胀宇宙中的零点能。

我们从哪里来，我们向何处去

　　人类在有智力活动伊始一定就开始问一些终极问题，例如，覆盖大地的天是什么？日月星辰是如何运行的？风雨雷电是如何形成的？然后，一定开始问自身问题，我们从哪里来？是被创造的还是大自然"无为"的结果？达尔文之后出现了进化论，认为智慧生命来自于更加原始的生命。这似乎解决了我们从哪里来的问题。但是，现代物理学和现代宇宙学告诉我们，生命出现的条件并不那么简单，那么，宇宙是如何具备产生生命的条件的？其实，直到今天，我们还不能回答这个问题。

　　"我们从哪里来？我们是谁？我们向何处去？"，这是高更创作于1897年一幅著名油画的标题，这三个连续问本质上是一个终极问题。我们从哪里来？我们当然栖居在我们这个宇宙中。可是我们这个宇宙非常特别。这个宇宙一直在膨胀并且最近数十亿年在加速膨胀，驱动加速膨胀的暗能量的密度并不很大，只有每立方米大约 4 个质子所含的能量那么大。宇宙中总能量密度比这个数字大不了多少，这是一个神奇的数字，因为如果能量密度太大，我们的宇宙可能"早夭"，如果能量太小，那么到现在为止我们在宇宙中看到的各种景观还没有形成，太阳系也没有形成，也就不会有人类出现了。

要回答为什么宇宙学中观测到的各种参数（例如能量密度，宇宙膨胀的速度，物质所占的能量密度的比重，暗物质所占的能量密度的比重……）是我们观测到的大小，就需要精确地了解宇宙的历史。我们知道，这个宇宙中的轻元素大约是宇宙大爆炸之后的三分钟内形成的，另外，宇宙从一开始直到 38 万岁都是不透明的，宇宙是由慢慢冷却下来的炙热的粒子组成的，在电子和质子形成氢原子之后，宇宙开始透明了，光子不再理会其他粒子，随着宇宙继续膨胀，光子慢慢损失能量直到变成今天被我们发现的宇宙微波背景辐射。而另一方面，在暗物质的帮助下，物质粒子如氢和氦由于引力的作用逐渐成团，形成最早的恒星，这些恒星慢慢变热，燃烧，点亮宇宙，合成更重的元素。太阳的前身恒星也是这样形成的，为了未来的太阳系做准备，它燃烧爆发最后合成了我们体内存在的一些重元素。所有这些既繁复又壮观的历史，似乎为了准备我们的到来。

我们继续问，大爆炸中出现的那些物质粒子是从哪里来的？现在多数宇宙学家倾向认为这些物质粒子来自于一场更为猛烈为时更短的暴涨时期。在暴涨时期，宇宙中没有任何物质粒子，甚至没有光，只有一种能量，这种能量驱动宇宙以惊人的速度膨胀，并且在暴涨结束的时候化身为物质粒子。一般认为，暗物质粒子也是这么来的，而宇宙中很少的反物质粒子也是这么来的——其实，在大爆炸最初的一刻，物质粒子和反物质粒子的数目差不多，这些粒子的数目加起来大约是我们今天宇宙中粒子数目的十亿倍，但大多数物质粒子和反物质粒子湮灭了，成为光。为什么物质粒子比反物质粒子多出了这么一点点？这也是宇宙学家和粒子物理学家一直在尝试回答的问题。

另外，暗物质粒子是什么？我们只是通过观测星系和星系团中的恒星以及星系运动倒推出暗物质粒子的。它们到底是什么？我们能在地球上的巨型加速器中看到它们吗？我们能在地下实验室中俘获它们吗？未来的几十年里这是物理学家的事业。毫无疑问，暗物质粒子虽然神秘莫测，它们的存在是我们存在的前提。没有暗物质粒子，我们看到的恒星和星系到现在还没有形成。

加速宇宙膨胀的暗能量到底是什么？这种离谱的能量是怎么来

的？这种能量的密度是永恒不变的，还是会变小甚至变大？如果暗能量密度是永恒不变的，那么很可能我们永远无法理解它的起源。如果暗能量密度慢慢变小，那么宇宙加速膨胀在未来的数百亿年或者数千亿年会结束，宇宙逐渐被引力主导并在遥远的未来开始收缩。如果暗能量的密度慢慢变大，宇宙的生命甚至会终结于一场可怖的大撕裂。

　　在以上这些大问题被回答之前，我们还真的不知道我们将向何处去。

存在命运吗?

决定论和非决定论是物理学上的一个重要概念,这个概念在哲学中也是很重要的。所谓决定论,就是世界今后的发展已经完全决定了,被过去任何一个时刻的状态决定了。用物理术语说,就是世界具备因果性,未来任何时刻的物理状态由过去任何时刻的状态决定了。在哲学上,这就是命运论,无论你怎么努力,一切都在冥冥之中注定了。

对于普通人,我们最关心的是,有自由意志吗?如果有,那么决定论在人这个层次上就是错,因为我自己的意志是自由的,非决定论的。在宗教上,更有造物主的自由意志。这些概念,不是主题文章所要讨论的。如果你去查英文维基,你会看到很多不同种类的决定论。有:1. 因果决定论,指任何事件都有前因,这些因果关系形成一条因果链。2. 逻辑决定论,任何关于未来的命题或为真或为伪。这和因果决定论加在一起形成强决定论。其实,我在标题所用的命运论与强决定论并不是一个概念,标题完全是为了吸引人。3. 必然论或宿命论,这比决定论还要强,说世界只有一种可能,无论是开始还是结束,还是中间状态,都只有一种固定的演化史。4. 神学决定论,承认上帝决定一切。5. "差强人意"决定论,是说即使量子论抛弃了经典决定论,但在宏观上决定论还是正确的。

另外,我觉得很重要但英文维基"决定论"词条没有提到的是目的论,即一切事件都是由某个最终状态决定的,凡事被未来所决定。上述各种决定论中,只有第一条和第五条以及目的论与现代物理学有关。

在牛顿经典物理学中,决定论有一个简单的形式,由牛顿力学中的方程所决定。例如,对于一个粒子,它满足牛顿第二定律,如果我们知道了粒子所受到的作用力,那么,粒子的状态就由两个量所决定,位置和速度。如果我们知道了粒子在某个时刻的状态,我们就可以预言它在未来任何时刻的状态,也可以反推粒子在过去任何时刻的状态。为什么我们需要位置和速度呢?因为牛顿方程是一个二阶微分方程。我们可以假想牛顿方程被修改为三阶微分方程,那么粒子的状态就需要三个量决定:位置、速度和加速度。无论如何修改运动方程,只要这个运动方程是有限阶微分方程,那么粒子就服从因果决定论。

多个粒子与单个粒子并无本质不同,只是需要决定状态的量变多了。量多了，使得预言成为难题。甚至，在有些问题中出现了所谓浑沌现象，但这并不破坏因果决定论。现在我们经常关注的天气预报以及地震预报，就可能涉及浑沌现象。另外，还有个计算复杂度的问题，我们即使有最强大的计算机，也不能预言整个宇宙的精确状态，因为宇宙包含了太多粒子，至少 10^{80} 以上。

牛顿力学在麦克斯韦手中发展到不但需要粒子，还需要场，但方程仍然是有限阶微分方程，决定论继续成立。到了爱因斯坦的广义相对论，经典决定论发展到高峰，那时，人们认为没有什么是不可预言的（原则上）。

爱因斯坦本人参与建立的量子论打破了经典决定论。海森堡告诉我们，经典的位置和速度不能再被拿来刻画一个粒子的状态，因为我们根本无法同时测量这两个量，这样，粒子运动轨迹也不是一个正确的概念了。薛定谔方程则告诉我们，我们无法确定预言一个粒子在下一时刻的位置。只有波函数本身满足微分方程，但波函数本身又不是可观察物理量。

量子论被迫放弃用位置和速度确定粒子的状态，而改用波函数确定粒子的状态，这就产生了让我们很尴尬的问题：波函数不可测，可测的是位置和速度，但位置和速度不可能同时测准，所以，我们无法预言粒子下一时刻的位置，或速度。这就是非决定论。仅仅一个微观粒子，我们都无法预言了，更不用说多粒子系统了。

现代物理实验告诉我们，量子论是正确的，没有任何问题，尽管给我们提供了一个奇异的世界。我们还可以后退一步接受修正的决定论：如果在某个时刻我们知道了波函数，那么下一个时刻波函数也确定了。

我觉得，大自然还隐藏着别的什么，也许是令我们更加惊奇的东西。例如，我就有些相信，也许目的论的会在某种程度上进入基本物理。这是研究量子引力和暗能量给我的启发，但在此刻，我可不敢断言。

霍金的大设计

毫无疑问，霍金是活着的对公众最有影响力的科学家，这种影响力很难说是正面的还是负面的。例如，曾经他警告不要草率地试图与外星人接触，因为存在被他们轻易地确定地球位置从而入侵地球的危险。美国和一些西方国家研究了 SETI（Search for Extra-Terrestrial Intelligence）很多年，也许这个警告有一定价值。就像科幻作家刘慈欣在《三体》中构想的那样，在半人马座存在比人类文明更加发达的文明，他们觉得地球的环境更好，所以要入侵地球。但是，很难说这种警告是基于严谨的科学研究所做出的。

2011 年，霍金和列纳德·蒙洛迪诺（Leonard Mlodinow）合写的《大设计》英文版上市。在这本书中，作者的目的是介绍理论物理和宇宙学的最新研究进展。作者特别强调了量子力学中的多历史观点,即宇宙的历史并不是一个确定的历史(物理学中称之为经典历史),而是同时存在很多不同的历史,类似一个粒子同时存在于很多不同的地方。对于一个粒子来说,当你具体测量它的位置时,它的位置才确定下来——但测量之前我们不能肯定它的位置。对于历史来说,我们却不能通过测量使得历史固定下来。霍金为什么要强调历史的线性叠加呢?他主要想兜售他和哈特尔(James Hartle)在 1983年提出的基于多历史的量子宇宙学。他们的量子宇宙学需要更多的专业知识才能弄懂,这里,就像霍金本人做的那样,我们只能大致说明一下。他们假定宇宙本身由一个分布函数决定,就像掷骰子,不同的结果有不同的几率。这个分布函数又是通过叠加不同历史得到的,而他们给出一个不需要初始条件的叠加办法。这里,所谓初始条件就是宇宙开始时的状态。霍金将这个方案称为无边界条件。

无边界的历史叠加是霍金的大设计方案中的重要部分之一。另一个重要部分就是弦论,现在又称为 M 理论。对于公众来说,经常有人误解霍金是发明 M 理论的人,这是错的,霍金只是相信 M 理论的人之一。我自己也相信了 M 理论很多年,但是,M 理论的最新进展却导致了分歧。这个进展就是弦论景观。过去,我们一直认为宇宙是唯一的,而宇宙的唯一性是理论或者逻辑决定的,弦论研究者们多数相信这一点。但是,宇宙加速膨胀的发现,促使人们深入挖掘弦论,发现弦论竟然允许很多不同的宇宙存在。也就是说,我们现在这个宇宙只是"很多"中可能的宇宙之一。就像一个山脉中的小村庄,而整个山脉巨大无比,存在很多很多不同的村庄——即不同的宇宙。

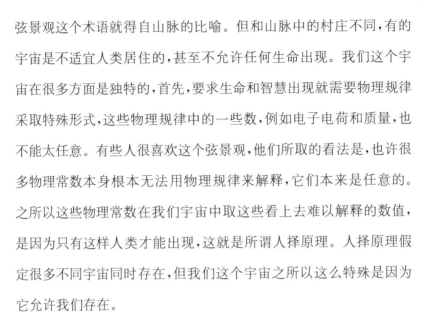

弦景观这个术语就得自山脉的比喻。但和山脉中的村庄不同，有的宇宙是不适宜人类居住的，甚至不允许任何生命出现。我们这个宇宙在很多方面是独特的，首先，要求生命和智慧出现就需要物理规律采取特殊形式，这些物理规律中的一些数，例如电子电荷和质量，也不能太任意。有些人很喜欢这个弦景观，他们所取的看法是，也许很多物理常数本身根本无法用物理规律来解释，它们本来是任意的。之所以这些物理常数在我们宇宙中取这些看上去难以解释的数值，是因为只有这样人类才能出现，这就是所谓人择原理。人择原理假定很多不同宇宙同时存在，但我们这个宇宙之所以这么特殊是因为它允许我们存在。

很明显，霍金是相信人择原理的。他认为，人择原理结合他的无边界条件足以解释一切，甚至人类的存在。所以他说，这个宇宙不需要上帝存在。在这本书中，作者们确实多次提到了上帝，并否定上帝的存在。也许由于这个原因，这本书引发了宗教界的反对声音。国内媒体也特别注意到了这个声音。《南方周末》记者因这本书采访了我，报道中引了我一句话："如果可以在实验室用极端的条件，创造一个大爆炸宇宙，那么新的宇宙可以想象为原始的宇宙气球上新长出来的一个泡泡，这时，这个新的泡泡是有人在操纵还是自然生成？是有一个宗教意义上'造物主'的角色在起作用吗？我们不知道。"

其实，我还说了很多其他的话，他们没有引。我特别强调了这本书并不是建立在已被证实的理论基础上的。下面我就霍金和蒙洛迪诺的理论说几句话。

首先,我是研究弦论或 M 理论的,但这不表明我就无条件地相信这个理论。毫无疑问,这个理论是一个很美妙的理论。例如,它有很多数学应用,甚至有很多物理应用,像用来研究某些粒子物理问题和凝聚态物理问题。但作为一个统一各种基本相互作用的理论,它还需要实验支持。目前,还没有任何实验支持,而且也不能肯定在可见的将来会有。的确,M 理论在结构上比其他竞争的理论优越,但我们还没有排除其他理论甚至还没有出现的理论才是正确的可能性。

  其次,霍金和哈特尔的无边界理论是基于某种量子引力的基础上的,而这个量子引力理论还不存在,所以无边界理论在理论上还不能被认为是成立的。即使在弦论中,还没有人能够证明无边界理论是可行的。所以,霍金多年来鼓吹的不需要第一推动的理论并不存在。他们的理论只是一种近似,也许根本就是错的。

  我的结论是,霍金和蒙洛迪诺的努力是值得赞赏的,但不能误读,可惜的是他们的书在西方一定会误导很多普通读者。

额外维、魔术与灵魂存在

在物理学中，额外维并不陌生，最早可以追溯到 1919 年，西奥多·卡鲁扎（Theodor Kaluza）在研究爱因斯坦广义相对论时发现，如果加上第五维空间（其实是第四维，将时间除在外），麦克斯韦理论[①]会自动出现。这个新颖的想法直到 1921 年才发表。1926 年，奥斯卡·克莱因（Oskar klein）建议这个第五维应该是一个很小的圆，这个圆的周长最多比著名的普朗克长度大一个量级（普朗克长度是 10—33 厘米），用目前的探测手段是绝对探测不到的（欧洲的大型强子对撞机探测的最小距离是 10—18 厘米）。（卡鲁扎是一个奇人，据说能

---

①　麦克斯韦在稳恒场理论的基础上，提出了涡旋电场和位移电流的概念。麦克斯韦电磁场理论的基本概念：变化的电场和变化的磁场彼此不是孤立的，它们永远密切地联系在一起，相互激发组成一个统一的电磁场的整体。

够说写 17 种语言,传说他和《生活大爆炸》中的谢尔登一样,三十多岁时通过读书学习游泳,并在第一次下水时就成功了。)

看过《自然辩证法》的人都知道,19 世纪就有一些做魔术的人号称利用了第五维空间。数学上,有了第五维,很多在三维空间做不到的事就可以做到。例如,两个相扣的环,在三维空间必须打破一个环才能解开扣子,但如果多了一维,将其中一个环在第五维平移,就解开了。也许我们不能想象一个四维空间,那么我们在两维空间和三维空间中做一个类似的实验。在一张纸上,画一个圆,在这个圆中画一个点,或者随便画一个东西。很明显,如果我们想将这个点或其他什么拿出这个圆,在纸面上必须打破外面的圆才能够做到。但是如果有了第三维,这个点可以先移出纸面,然后再放回纸面,很容易就可以放在圆的外面。

我们问,假如真的存在额外维,19 世纪的魔术真的可以在现实中实现吗?很多人会以为可以。这就犯了一个常人容易犯的、在物理学中却是很明显的错误。我们都知道量子力学中的测不准原理:如果将一个物体的位置测准了,那么这个物体的速度或动量就不会被测准。测不准原理同样适用于额外维,假想我们看到的物体,包括我们自己,在额外维中是固定在一点的,这就违背了测不准原理。假定额外维大到只有 10—18 厘米(其实应该更小),那么将一个粒子在这么小的圆上固定,需要的能量远大于一个质子的能量(是质子质量的一万倍),考虑到物体都是由质子和中子组成,那么我们需要比该物体能量大一万倍的能量才能将这个物体在额外维中固定。为了降

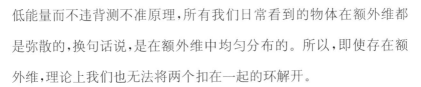

低能量而不违背测不准原理，所有我们日常看到的物体在额外维都是弥散的，换句话说，是在额外维中均匀分布的。所以，即使存在额外维，理论上我们也无法将两个扣在一起的环解开。

之前有人假托凤凰卫视在网上写了一个"震惊全球"的"报道"："哈佛大学著名物理学家丽莎·蓝道尔（Lisa Randall）向媒体宣称，经过 9 年的精心研究和无数次的实验发现，灵魂确实存在。"这个报道，很容易就看出是假的。首先，蓝道尔是理论家，不做实验，而该文说蓝道尔做了一个核裂变的实验，发现一个微粒离奇地消失。这个"报道"还提到我的名字，虽然没有说我和该新闻有什么关系。

至于微粒是否会通过额外维消失，以及灵魂是否和额外维有关系，通过我们在前面关于额外维的解释，就很清楚答案了，当然是不可能。

说回到蓝道尔。第五维当然不是她第一个提出来的，前面我们已经说过，卡鲁扎是第五维这个物理概念的鼻祖。那么，蓝道尔做了些什么以至这么有名？1998 年，三位物理学家在超弦理论的启发下重新研究了额外维理论。他们发现，如果我们的世界是额外维中的一个膜（三维空间加一维时间），那么额外维不必像卡鲁扎·克莱因（Kaluza-Klein）理论中的那么小。如果我们要求新的理论与已有的实验不矛盾，那么至少要有两个额外维，这些额外维的周长大约是 100 微米，比起 10—18 厘米要大得多。额外维越多，其长度就越短。为什么我们至今没有看到这么大的额外维？因为所有物体包括我们自己都局限于只有三维空间的膜上。也许你会问，物体在额外维空间中有固定位置不是和前面说的测不准原理相矛盾吗？解释是，测不准原理引起的能量是膜的能量，而不是物体的能量。蓝道尔和桑壮在 1999 年修改了这个理论，在他们的新理论中，额外维只有一维，但其长度变小了，只有 10—18 厘米左右，我们的世界还是处于一个膜上。

生物和人类存在灵魂吗？至少科学上没有证明。按照很多宗教的看法，灵魂是无形的，不占空间。那个伪报道说灵魂和额外维有关，在蓝道尔-桑壮的理论中，所有基本粒子都局限在膜上，除了引力子。如果灵魂有形，那么灵魂是由引力子构成了的？

纯粹出于好奇，我去英文维基查了灵魂。词源上，在古希腊那里它与生命、精神和知觉有关。除了各种宗教之外，希腊哲学家用过类似的词汇。柏拉图认为，灵魂是一个人的本质，决定一个人的行为。灵魂是无形的，在一个人去世后，灵魂会在后来的身体内复活。亚里士多德认为，灵魂是一个人的本质，但不同意柏拉图的灵魂不灭。他认为灵魂就是一个人的活动力，一个人死了，灵魂也就不存在了。亚里士多德的定义很接近现代人对思维的定义。

缸中之脑

　　美国 1999 年的科幻片 *The Matrix*，中译《黑客帝国》，讲的是到了 2199 年，大部分人类生活在虚拟世界中，我们被一个叫母体（Matrix）的机器控制了。生活在母体中的人，生活完全是虚拟的，或虚假的，就像一个计算机程序。那么，在这里虚拟是什么意思，是如何达到的呢？

　　程序员尼奥同时又是一名黑客，被一位抵抗组织的领袖莫菲斯找到，并让他在一颗红色药丸和一颗蓝色药丸中选择一颗服用。选择红色的，他会看到母体的真相；选择蓝色的，他会忘掉这一切，回到正常生活中。他选择了红的，进入了一个可怖的世界：他生活在一个充满液体的缸里，身上插满了电线和管子，周围都是类似的缸子。母体就是用这个缸子来控制他的，他在母体中过一个程序员和黑客的生活,其实全是母体通过这个缸子来控制的。

缸中的大脑,是一个用来思考关于现实、知识、真理和思维的理想实验。在该理想实验中,我们假想一位疯狂的科学家将一个人的大脑浸在一个装满营养液的缸里,然后将大脑的神经连接到一台超级电脑中,电脑通过模拟脉冲让大脑以为它仍然生活在一个现实世界中,大脑可以看到平时能够看到的东西,感受到自己可以指挥手脚,等等。这样,大脑不知道自己是浸在缸里的大脑,还是生活在现实世界中的一个人。

一个缸中之脑认为
自己在跑步!

缸中之脑

缸中的大脑通过电脑虚拟了一个人生,而《黑客帝国》不仅虚拟了众多人类的人生,还虚拟了整个世界。这个问题的极端版本是,我们这个世界,这个宇宙,是虚拟的吗?其实没有所谓的地球,没有太阳系,没有我们通过科学仪器观测到的遥远的星体和星系,一切都是一个超级电脑和一个超级程序虚拟出来的。这个虚拟世界有一个完美的物理学体系,例如牛顿万有引力定律、核物理学、宇宙大爆炸理

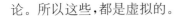

论。所以这些，都是虚拟的。

问这种问题的第一个人，也许是笛卡尔。笛卡尔在一本书中提出六个哲学冥想，他放弃一切信念，企图用纯思考建立对我们周围世界的知识体系。第一个冥想是，他是否真的存在，还是在做梦，还是被一位邪恶的天才蒙蔽了以致他以为他存在。这第一个冥想其实就是笛卡尔版本的"缸中之脑"。当然，更早的虽然并不系统的问题是庄子问的：我是在梦中变成蝴蝶，还是蝴蝶梦到了我？如果我在做梦，或是缸中的大脑，那么我所有的信念都是不真实的，不可靠的。

在笛卡尔的第二个冥想里，他回答了第一个冥想提出的问题，我是存在的。假如我相信我感受到的一切，我当然是存在的。假如我相信我被邪恶的天才欺骗了，那么我不会是不存在的，因为他不可能欺骗一个不存在的东西。所以笛卡尔说：我是，所以我存在（I am, I exist）。这句话的意思是，我的知觉本身决定了我是存在的。

缸中的大脑比笛卡尔问题更形象化，也更简单化，因为这个理想实验假设了我们的经验可以约化为大脑的感知。假设这个约化是正确的，美国哲学家希拉里·普特南认为我不能是缸中的大脑。假如我是缸中的大脑，并且我能证明我是，这说明我这个缸中的大脑接受到我在缸中的信号。但是，我接受的信号都是关于虚拟世界的，这个信号怎么可能是关于真实存在的缸子呢？普特南的论据的核心是，我们不可能感知外部世界，换句话说，我所感知的一切组成一个自洽的体系，在这个自洽体系外部的世界不可定义，不可感知。

当然，《黑客帝国》中的尼奥被抵抗组织想办法拔掉他身上的管子并脱离了缸子，所以他可以肯定存在两个世界，一个是母体中的虚拟世界，一个是离开母体的世界。但我们不能用这部科幻电影中的逻辑思考我们的世界，因为我们当中谁也没有离开我们的"母体"，我们甚至没有见过曾经离开过"母体"的人。所以，我们无法感知和定义外部。

那么，我们的世界，我们的宇宙，到底是不是虚拟的？笛卡尔和普特南的回答都不够令人满意，我上面的回答也不够令人满意。也许我们永远无法证明我们是真实存在的而不是虚拟的。也许设计我们宇宙这个奇妙程序的程序员永远不会让我们知道还存在一个外部世界。既然我们永远不会知道，那么这个外部世界对我们来说完全没有意义，所谓真实和虚拟就不存在任何区别。我的另一个论据是，假如有一天我们的科学和技术发展到我们能够确认我们是虚拟的，我们就有能力寻找出设计我们的是谁，就像尼奥。那时，我们的功能不亚于他，那将是一个有趣的景象。

"同人于野"（网络著名 ID）写了一篇《这个宇宙不是母体》。他反驳我们的宇宙是母体的论据是：1. 如果我们是虚拟的，这个程序需要维护、升级，但这似乎从来没有发生过；2. 宇宙太大了，设计这个程序的天才如果只是对人类感兴趣，宇宙中的大多数东西完全是多余的，浪费的；3. 物理定律一旦规定了就没有更改过，为什么？

他的所有论据都可以反驳。例如第一条，我们完全可以假想设计天才一开始就设计了天衣无缝的程序，程序停摆不会在以后的过程中被记录下来。我觉得第三条比较难反驳，因为第三条的成立说

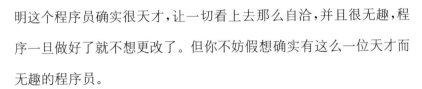

明这个程序员确实很天才，让一切看上去那么自洽，并且很无趣，程序一旦做好了就不想更改了。但你不妨假想确实有这么一位天才而无趣的程序员。

其实，缸中的大脑还可能有另一种版本：我们的世界是真实的，不是虚拟的，但确实是某位天才在史前实验室中制造出来的。因为我们可以假想有一天，我们自己在实验室中利用巨大的能量制造出一个小宇宙，这个小宇宙和我们的实验室通过一个固定大小的隧道连接起来，但隧道之外，这个小宇宙不断膨胀，渐渐演化出一个新的巨大的宇宙（但隧道大小不变，所以我们的实验室还是安全的），其中产生新的物种和新的智慧生物。

物种大灭绝：过去和未来

从很长的时间尺度上来看，大灾难，大到和六千五百万年前使得恐龙彻底灭绝的那场被称为 K - T 灭绝事件（白垩纪第三纪物种灭绝）一样的灾难在未来都有可能发生，那时可能是《2012》中的大洪水淹没整个地球，也可能是核冬天的降临，也可能是火山爆发引起的玄武岩熔浆的大面积覆盖，特别是最后一项，地球上至少发生过 11 次。

物种灭绝自地球上存在生物以来发生过很多次，有规模大的，也有规模小的。最大的物种灭绝有五次。上一次，六千五百万年前，白垩纪末，恐龙灭绝，75％的物种灭绝，但恐龙的灭绝给哺乳动物的发展带来了机会；再上一次，两亿五百万年前，三叠纪到侏罗纪之间，48％属灭绝，包括祖龙和兽孔目，大多数两栖动物灭亡，而恐龙得到发展的空间；两亿五千一百万年前，二叠纪—三叠纪灭绝事件，这是

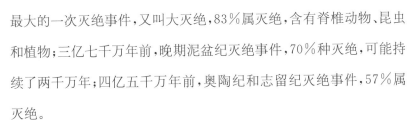

最大的一次灭绝事件，又叫大灭绝，83％属灭绝，含有脊椎动物、昆虫和植物；三亿七千万年前，晚期泥盆纪灭绝事件，70％种灭绝，可能持续了两千万年；四亿五千万年前，奥陶纪和志留纪灭绝事件，57％属灭绝。

对我们来说，最有名的灭绝事件是白垩纪第三纪物种灭绝，这次物种灭绝和人类最终出现有直接关系。恐龙完全消失，哺乳动物得以大发展。所以，物种灭绝看上去非常可怕，却也是生物进化的重要条件之一。地质上，在白垩纪与第三纪的地层之间，有一层含铱的黏土层叫 KT 界线，恐龙的化石只能在这个界线的下面发现。这次灭绝事件很可能是彗星和小行星撞击地球引起的，也可能是长时间的火山爆发引起的，或者两者并存，前者是引起后者发生的原因。小行星撞击使得大量灰尘进入大气层，降低植物的光合作用，改变地球的生态环境和食物链。杂食性、食虫性以及食腐动物在这次灭绝事件中存活多，说明它们较少受到食物链被破坏的影响。在这次事件发生之前，哺乳类动物体型大多很小，接近老鼠的大小，这是它们得以存活的原因之一。

五次大规模物种灭绝中的最大的一次是二叠纪、三叠纪灭绝事件，地球上 70％的陆地脊椎动物消失，96％的海洋生物消失，昆虫大量灭绝。造成这次超大规模灭绝的原因可能是缺氧。导致事件发生的原因还是小行星撞击地球或连续火山爆发，或海平面变化。

前面已经谈到一起物种灭绝事件的一些原因。还有更多的理论。将所有这些理论归纳一下，计有：1. 熔岩洪水大面积覆盖地球表面,这在地球的历史上确实发生过,这会引起食物链的崩溃,二氧化碳的产生会引起全球变暖;2. 海平面发生变化,海退会造成大陆架的部分消失,使得栖息在大陆架上的海洋生物消失,海退也会造成气候变迁,使得全球气温上升,有证据表明五次大规模灭绝事件中存在海退;3. 彗星和小行星撞击地球,撞击的后果是引起火山爆发、酸雨、森林大火,所有这些都会导致食物链崩溃,大多数古生物学家同意白垩纪第三纪物种灭绝中一颗小行星撞击了地球;4. 长期的全球变冷或全球变暖;5. 银河系中的超新星或伽马暴爆发,这些天体的能量极大,如果爆发发生在银河系内,将会完全改变地球上的温度,破坏臭氧层,例如,一颗 6000 光年以内的伽马暴的辐射足以做到这一点。还有很多其他可能,就不一一列举了。

物理学家对毁灭原因的研究做了很多贡献。例如,诺贝尔物理学奖获得者路易斯·沃尔特·阿尔瓦雷茨(因发现很多基本粒子共振态获奖)和他的儿子以及其他一些物理学家研究了 K-T 地层,发现铱的含量超过正常标准,类似铱这些元素叫亲铁元素,大部分沉入地核。为什么在K-T 地层中铱的含量如此丰富?他们推测,在一亿六千万年前,一颗直径 160 千米的叫巴普提斯蒂娜的小行星被另一颗小行星撞碎,一些碎片进入地球公转轨道,其中一个直径 10 千米的碎片在六千五百万年前撞击了墨西哥犹加敦半岛,形成希克苏鲁伯陨石坑。

这次撞击造成大量灰尘进入大气层,遮蔽阳光达一年之久,接下来的一系列后果导致植物消失,使得食草类动物和掠食性动物灭亡。

另一组物理学家，包括皮特·赫特（Piet Hut）、马克·戴维斯（Marc Davis）觉得，最近十次物种灭绝明显带有周期性，周期是两千六百万年。他们提出一种叫"死亡之星"的理论，在该理论中，太阳有一颗遥远的伴星，叫 Nemesis（希腊复仇女神的名字）。这颗伴星距离太阳大约一光年远，这个距离和太阳系中的彗星云最远的距离差不多。伴星围绕太阳运动，周期大约是两千六百万年。每当这颗伴星运行到它的近日点时，由于引力的作用，彗星云受到很大影响，一些彗星和小行星进入内行星系统，造成撞击地球事件大量增加。

死亡之星理论得到一定程度上的证据支持，例如过去四亿年内月球环形山的形成率似乎支持这个理论。这个理论也遭到理论上的挑战，例如，如果它的轨道有 1 光年之大，那么轨道一定受到附近的恒星的影响变成不稳定，或者轨道的周期性出现问题。而数值计算表明，没有这些问题。

物种毁灭事件的地理、气候原因也许是复杂的，但背后肯定会有令人惊奇的物理或天文学原因。

爱因斯坦放出的精灵

通常，我们将通过天文学的常规手段观测到的物质称为发光物质，或者重子物质。这些物质当然不一定要发光，例如低温气体，发出的也许只是微波；也不一定是重子（质子和中子），例如电子，但我们通常这么称呼参与电和磁过程的物质。

宇宙中的发光物质居然只占 5％ 不到，这在十年前是不可想象的。其余的是什么？如果我们不求甚解，一句话可以概括，就是暗组分，不参与电磁作用，至少不直接参与电磁作用，所以用地球上目前已有的技术，我们根本"看不到"它们。如果我们想了解得稍稍多些，这些暗组分成两个截然不同的部分，一种叫暗物质，一种叫暗能量。

爱因斯坦的相对论告诉我们，物质就是能量，能量就是物质，为什么这里我们要将暗物质和暗能量分开？原因是虽然暗物质也是能量，暗能量也是能量，它们的物理特征却完全不一样。暗物质在天文学中的表现行为很像普通的物质，例如它们通过万有引力互相吸引，也与普通物质之间有万有引力，更加"人性化"。可以这么说，有物质的地方就有暗物质。当然，由于暗物质本身比物质还要多（在宇宙中，暗物质大约是物质的 5 倍），有暗物质的地方不见得就有物质，但暗物质和物质处在一个"团队"中，如银河系，如比银河系更大的本星系团。

暗能量则不同，它们不特别亲和物质和暗物质，在宇宙间均匀地分布着，哪里有空间，哪里就有暗能量。并且，暗能量之间不存在引力，却存在斥力，这种斥力爱因斯坦早在 20 世纪 30 年代就提出来了，后来与当时的天文观测不符，爱因斯坦放弃了这个建议。暗能量之间的斥力可能导致宇宙膨胀的速度不断地加快。20 世纪的最后 3 年，宇宙学家正是通过发现宇宙在做加速膨胀推断宇宙间充满了暗能量，而且暗能量多于暗物质和物质的总和。这样，爱因斯坦不小心放出的精灵再不能被收进神灯了。

我曾经将宇宙的各阶级比喻成和谐社会的各阶级。暗物质比暗能量要少，比物质要多，只能是中产了，物质最少，可以比喻成占少数的富人阶层。比较有意思的是，宇宙学家们也将有暗能量和暗物质的宇宙模型称为和谐宇宙模型，或者一致性宇宙模型。这里的和谐的意思不是说宇宙中的各种成分和谐地相处，而是这个宇宙模型和所有的天文观测一致，不再有明显的矛盾。

天文学家们的数据在这个暗宇宙模型中看起来是和谐了,研究宇宙的理论家却前所未有地不一致、不和谐起来。我喜欢说有多少宇宙学家就有多少暗能量理论,事实上,暗能量理论的数目也许大于宇宙学家的数目。所以,在各种宇宙学研讨会上,我们经常看到五花八门的理论,经常看到宇宙学家争论不休。最简单的理论就是爱因斯坦当年的理论,暗能量是一个常数,是单位体积中的真空的能量,永远不变。然而,这种最简单的可能是理论家们最难解释的,为什么真空能存在?为什么真空能这么小——相对地球上常见的能量密度?但是,为什么真空能又很大——相对宇宙中的平均物质密度?

暗能量的理论五花八门到宇宙学家可以不顾一切地抛弃物理学中的一些重要假设。例如,有一种理论认为暗能量的密度会越变越大,最终导致宇宙大撕裂,先是星系团被撕裂,然后是星系被撕裂,然后太阳系被撕裂,最后是原子和基本粒子被撕裂。这种理论虽然违背了一些物理学"常识",但有些理论家认为实验方面有一定的证据。我在两年前也提出了自己的暗能量理论,认为暗能量的大小由宇宙的某种尺度决定,这个理论的基础是所谓全息原理:宇宙可以用包含宇宙的一个球面来描写,换句话说,宇宙中进行的一切可以被忠实地投射到它的一个"人为"的边界上。我的理论有一定的市场,但也有很多反对意见。最近,在苏州的暗宇宙会议上有些同行讨论了这个理论,也有人提出了质疑。讨论和质疑都对研究有好处,也许,这次会议的讨论会促使我在将来提出其他理论。

　　决定所有假设命运的是未来的实验。目前,理论家们的处境可以通过修改一句诗来概括:"暗宇宙给了我一双黑色的眼睛,我却用它寻找光明。"自然,这光明就是暗宇宙背后的那个深刻的物理规律。

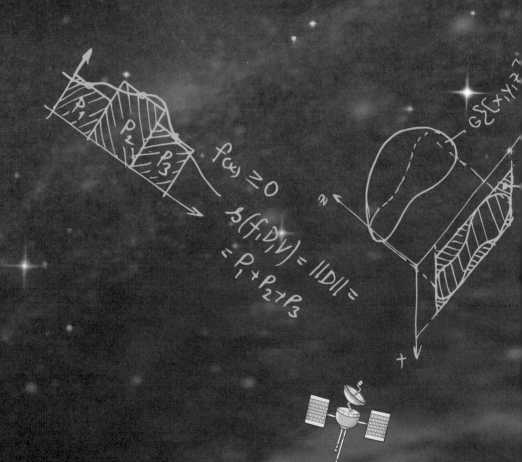

探索物理之美

弦论：一些事物的理论

二十多年前，有人证明原则上可以将粒子理论嵌入超弦理论，超弦理论成为统一量子引力和包括电磁理论在内的其他相互作用的理论，在过去二十多年间一直是主流理论。曾经，许多人将弦论称为一切事物的理论（TOE, theory of everything）。但是，人们很快发现，将粒子物理理论嵌入弦论的方式有很多种，如果我们不能决定是哪一种，超弦理论就不能说对自然界有预言。二十多年间，人们一直在寻找弦论中的可以决定自然界选择哪种嵌入的"第一原理"，在这个过程中发现了一些弦论的重要性质，但仍然没有能够找到那个第一原理。

到了 2003 年，一些人证明了弦论其实没有办法通过动力学来选择一个嵌入，相反，他们发现了所谓弦景观（string landscape），在这个巨大的景观中,存在很多很多可能的世界,而我们的世界只能是其中的一种可能。这还不是最坏的结果,更坏的结果是,弦景观中可能存在很多非常接近我们世界的其他世界,通过实验,我们很难区分这些世界。可以说,弦景观的发现,使得弦论界分裂成两个大阵营,其中一个阵营中的人认为我们不能从理论上决定哪一个对应于我们的世界,而需要依赖人择原理,例如暗能量为什么这么小,完全是偶然的;另一个阵营中的人认为要么弦景观不可信,要么就是存在我们还没有发现的原理,以帮助我们选择我们的世界在弦景观中所处的位置。

前些天哈佛大学的教授斯特罗明格(Andrew Strominger)在理论物理所作了公众报告,他表达的观点不属于以上任何一个阵营。他认为,弦景观是存在的,我们无法作任何预言,但人择原理也是不可靠的。他说,弦论不再是一切事物的理论,但也不像有些反对弦论的人认为的那样,弦论不是任何事物的理论(theory of nothing),他觉得,弦论是一些事物的理论。

在解释斯特罗明格为什么认为弦论是一些事物的理论之前,我们看一下斯特罗明格给弦论的每个方面所打的分。他给出一个弦论成绩报告单,打分的标准是美国的标准,最高分是 A,最低分是 F。A 分相当于优秀,F 相当于彻底失败,中间的分是 B、C、D,B 是良好,C 是及格,D 是不及格。

问题成绩:

弦论没有被实验排除　A

有确定的预言 F

LHC 上可能的信号 D

解决黑洞谜题 B

数学应用 A

其他物理领域的应用 B

统一理论 A

理论的唯一性 D

解决暗能量问题 F

理解宇宙的起源 D

解决可重正化问题 A

我们看到,弦论在四个问题上得到了高分 A,这应该是没有异议的。有些人可能会质疑弦论是否在解决量子引力紫外灾难(即可重正化)上面得到 A,因为还不存在一个完整的证明。弦论在另外两个问题上得到了不错的分数 B,即解决黑洞问题和在其他物理领域的应用。前者是斯特罗明格做了很大贡献的领域,而后者就和斯特罗明格的观点即弦论是一些事物的理论有关了。既然弦论在数学应用和物理应用上得到了很好的成绩,是应该采取这种观点的时候了。

那么,弦论到底在哪些其他物理领域有应用呢?我们可以将这些应用分为两类,一类是未解决的但已经存在的问题,一类是提出迄今还没有实验支持的新问题。第一类问题包括:量子色动力学特别是夸克-胶子等离子体性质的研究,粒子物理中的一些量如散射的计算，凝聚态问题如高温超导、量子流体、带有杂质的临界现象、量子霍尔效应、非线性流体等。弦论在夸克－胶子等离子体的应用上取得的成绩最大，例如可以计算加速器上产生的这种等离子体的一些黏性性质，夸克如何穿过这种等离子体。在凝聚态物理问题这个大方向上的研究才刚刚起步，但势头看起来是好的。

那么，弦论是如何帮助解决这些问题的呢？这就回到了黑洞问题。黑洞问题的研究使得人们发现所谓的全息原理，即黑洞这类很难研究的问题和我们熟悉的传统的方法有关（量子场论），这就是所谓对偶：黑洞等价于（对偶）一张"全息照片"，这张全息照片就是量子场论。这样我们就有了两个等价的问题，一个是黑洞问题，一个是量子场论问题。有时候，黑洞问题容易回答，我们可以将得到的答案用到另一个问题上。有时候，量子场论问题容易回答，这样我们倒过来将这里得到的答案用到黑洞上。当然，很多时候，两个问题都很难。在这种情况下，我们只能等待其中任何一个问题的研究进展。

类似粒子物理，凝聚态物理中有很多问题可以归结为量子场论问题，这样就不难理解为什么我们可以用全息原理来研究这些凝聚态物理问题了，虽然表面上看起来这两类问题完全不同。这里我们必须注意到，问题涉及到的黑洞既不是我们这个世界中的天文学上的黑洞，也不是可能在加速器上产生的小黑洞，这些黑洞只是理论中存在的黑洞，其中万有引力常数完全不是我们这个世界的万有引力常数，甚至时空维度也不是四维的。

斯特罗明格提出一句口号：在 20 世纪，我们将所有问题变成简谐振子问题（类似弹簧问题），因为这个问题很简单。而在 21 世纪，我们应该将所有解决不了的问题变成黑洞问题。这句口号很有意思，有一定道理，但不能太当真。

认知是一种幸福

有人说人类有别于其他动物的地方是拥有两种能力：语言和数学。有了语言与数学或逻辑推理能力，我们不但有了交流的工具，也有了理解这个世界的能力。当然，世界是可以理解的这个事实本身就是一个奇迹，我们并没有真正理解为什么会这样，这是科学的终极问题之一。

既然有了这两种能力，认知和创造（我指的是知识上的创造与艺术上的创造）就成为人类的一种本能，完全或极大限度地发挥这种本能能够给我们带来愉悦甚至幸福。弗洛伊德在一篇著名的论文中分析了达·芬奇不可思议的创造力，他认为达·芬奇通过创造满足了自己，而达·芬奇终身未娶，创造的满足代替了其他方面的满足。

2011 年，网络杂志 Edge 向西方知识界提出的年度问题是：What

scientific concept would improve everybody's cognitive toolkit？即什么科学概念将改变我们的认知（工具）？很多科学家、人文学者以及媒体精英的回答都很有意思，我特别关注了物理学家的回答，觉得弗朗克·维尔切克（Franck Wilczek）[1]和马塞洛·戈里瑟（Marcelo Gleiser）[2]的回答最有意思。

维尔切克认为这个将改变我们认知工具箱的科学概念是潜伏层（hidden layers），准确地说是神经元的潜伏层。他说，人类的很多工具通常有接受层与输出层。例如，最早的人工神经网络就是由这两层组成的，由于过于简单，一些稍微复杂的功能都很难实现。比如，仅有两层的感知器就不能在白色的背景上数出黑色圆圈的个数。经过数十年的努力，直到20世纪80年代，人们才认识到，只要在接受层与输出层之间加上一层或两层，就能大大增强神经网络的功能。今天，这种多层网络用于高能加速器，例如大型强子对撞机粒子碰撞事件的图像萃取，比人的能力要高效得多。

戴维·休伯尔（David Hubel）和托斯坦·维泽尔（Torstein Wiesel）发现，视觉皮质中潜伏层的功能是收集视觉对象的各种特征最后综合成整体图像，他们因此获得了1981年度的诺贝尔生理和医学奖。人类视觉是通过接受数目巨大的光子，投射到平面上再通过潜伏层才形成三维图像的。人造机器人的视觉就很难达到人类视觉的高

---

[1] 美国著名犹太裔理论物理学家，因在夸克粒子理论方面所取得的成就，于2004年获得诺贝尔物理学奖。

[2] 巴西裔美国物理学家。

度。维尔切克认为，潜伏层将所谓的呈展现象（Emergence）具体体现出来了。

戈里瑟认为"我们是独特的"将在我们未来的认知中起到举足轻重的作用。其实，认识到我们是独特的以及为什么我们是独特的，本身就是一项人类认识自己的重要任务。很多人并没有认识到"我们是独特的"。

人类非常独特，因为地球本身就很独特，地球提供的各种环境和条件也很独特。这种看法有点违背所谓的哥白尼原理。哥白尼原理认为地球和太阳系不是世界中心，当然这个原理原来只涉及到太阳系在宇宙中的空间地位，后来人们将它推而广之，例如很多人认为宇宙中存在很多各色各样的智慧生命，就像《星球大战》中出现的那些。

戈里瑟的观点是，像人类这样的智慧生物在整个宇宙中是罕见的。他首先论证，在生命与智慧生命之间存在巨大的鸿沟。他对智慧生命的定义是拥有发现科学和技术的能力，而不是像海豚那样的生命。所以地球上只有人类符合智慧生命的定义。仅就生命而言，例如单细胞生物，也许不是地球上的特有现象，也许很多有着类似地球环境的太阳系外行星上也有。地球在形成数亿年后这样的生命就出现了，所以简单生命的出现并不难。而且，生命在很多极端条件下也能存活。

但是，单细胞生命的出现并不意味着多细胞生命接着就会出现。生命在适当的环境下变化，只要存活即可，并不一定演化出多细胞生命直至智慧生命。进化论只是说适者生存，而不是更加聪明者生存。

在进化过程中，只要一个环节出错，我们人类就不会出现。人类出现的一些条件都很特别：长期存在的具有保护作用的富氧大气层；地轴稍微倾斜的地球，被地球唯一的体积较大的卫星月亮所稳定；臭氧层和地磁场共同保护生物免于被宇宙射线轰击；地表板块构造调节二氧化碳使得全球气温长期稳定；我们的太阳相对较小、相对稳定而不会偶尔释放大量的等离子体……具备所有这些条件是很难的。另外，即使在宇宙某个角落存在其他智慧生命，由于非常遥远，我们实际上是孤独的。

戈里瑟的观点与人择原理有点相关。人择原理的第一条应用是地球为什么这么独特。因为如果地球不这么独特，就不会出现人类，我们就不会在这里问这个问题。推而广之，如果我们的宇宙不这么独特，我们就不存在从而不会追问关于我们宇宙的一些深刻的科学问题。人类的出现非常偶然，恰恰是这种偶然性让人类变得更加珍贵，而不是毫无意义。

认知能力无疑是人类独有的。这种能力使得人类可以认识世界，一种非常奇妙的"自我认识"能力，也就是说，宇宙的规律使得人类出现——也许是偶然出现的，而人类的出现又使得宇宙规律本身呈现出来。仅仅这一点，我觉得认知就是一种幸福。

当然，认知也带来人类独有的悲哀感受。人活着就有生老病死，还有很多很多其他种类的痛苦，有些痛苦也许是人类独有的。也许，科学发展将渐渐为人类解脱一些痛苦。我过去说过，未来科学最大的目的之一就是为人类带来更多的幸福感。

费米伽玛射线空间望远镜

　　科学文明史上最重要的发明之一是望远镜，伽利略用望远镜发现了月亮上的环形山，发现了土星环。21 世纪之前，人类将望远镜越造越大，看得也就越来越远，我们不仅看到了银河系中更多的天体，我们还发现在银河系之外还有更大的空间，有更多的星系，存在更多难以想象的不同的天体。中国建造的 LAMOST（大天区面积多目标光纤光谱天文望远镜）可以观测到上千万个星系。

　　人们在 20 世纪建造了超出可见光波段范围的望远镜，先是在 1930 年代造出射电望远镜（频率低于可见光），然后在 1960 年代造出 X 射线望远镜（频率高于可见光），这些望远镜发现了更多的不同的天体。射电望远镜还帮助我们看到了宇宙微波背景辐射，从而提供了一个支持宇宙大爆炸最重要的证据。从 X 射线开始的更短波长的电磁波容易为大气吸收，必须借助人造卫星将探测器送到太空我们才能接收到天体发射出的射线。

最年轻的望远镜是伽玛射线望远镜。伽玛射线光子所携带的能量大于 X 射线的光子能量，范围是十万电子伏特以上，波长是百分之一纳米以下。美国在 20 世纪 60 年代发射的 Vela 卫星本来用于监视苏联的核试验，结果苏联人很老实，没有违反 1963 年和美国签订的部分禁止核爆的条约，Vela 没有看到核爆，倒是看到了来自银河系外的伽玛暴。伽玛暴可以说是目前为止发射功率最大的天体，一颗伽玛暴大约在数秒之内将相当于整个太阳的质量完全转化为伽玛射线，除了宇宙大爆炸本身，伽玛暴是我们能看到的最强的爆发。一般认为，伽玛暴产生于重恒星死亡之后形成的黑洞。如果恒星很重，在燃烧完之前恒星的中心部分形成黑洞，黑洞之外形成吸积盘。旋转的吸积盘中的物质在被黑洞吞食的时候将两个喷注沿着旋转轴甩出来，产生速度接近光速的激波。当激波跑出恒星之外，就能形成伽玛射线。

在太空中，只有部分伽玛射线来自于伽玛暴。当带电的宇宙线轰击星际中的气体时，也会产生伽玛射线，宇宙线轰击产生的高能光子使得银河系的平面产生一个伽玛射线亮带。另外，脉冲星和活动星系的中心也会辐射伽玛射线。人们期待，充满宇宙间的暗物质粒子相互湮灭时同样会产生高能光子即伽玛射线。

美国有一个专门用于探测伽玛暴的卫星天文台，叫做康普顿伽玛射线天文台。我们知道，美国另一个著名的空间天文台是哈勃望远镜,康普顿天文台是继哈勃望远镜后的另一个大型空间天文台。康普顿同学生前研究伽玛射线很有心得,所以这颗卫星以他命名。康普顿平均每天看到一颗伽玛暴。康普顿天文台在 2000 年 6 月完成使命返回地球。

从各方面来看,康普顿天文台所能完成的科学任务极为有限,所以,从 1993 年开始,美国航天局和能源部以及欧洲和日本的一些部门合作,计划发射一台能力更强的伽玛射线望远镜,这台望远镜的全称是伽玛射线大视场太空望远镜(Gamma-ray Large Area Space Telescope),简写为 GLAST,经过整整 15 年的准备,这台望远镜终于在 2008 年 6 月 11 号被发射上天。GLAST 每 95 分钟绕地球一周。说 GLAST 是望远镜其实并不准确,因为这颗天文卫星携带两台探测器,一台叫 LAT,即大视场望远镜,能观测到光子的最高能量达到三千亿电子伏特,是康普顿望远镜的 10 倍。另一台叫 GBM,即 GLAST 爆发监测器,这台探测器能够探测到的光子的能量要低得多,它的主要任务是探测伽玛暴。

GLAST 的科学任务主要有三个:第一是揭开活动星系核、脉冲星和超新星加速粒子的机制,不论是活动星系核还是超新星都可能涉及到黑洞吞噬物质并吐出巨大的能量;第二是确定伽玛暴产生巨大能量的机制;第三是探测暗物质粒子,因为当暗物质粒子碰撞湮灭时,产生与这些粒子质量相当的光子。所以,这些高能光子的能量的确定将帮助我们确定暗物质粒子的质量。我们知道,宇宙中所有的能量绝大部分贮存在暗能量和暗物质之中。

其实，GLAST 对伽玛暴的研究也许能够帮助我们研究暗能量的本质，不仅仅是暗物质。暗能量产生斥力，使得宇宙膨胀的速度越来越快。10 年前，宇宙学家借助超新星发现了宇宙加速膨胀，但超新星有很大的局限，一来我们能够观测到的数目不够多，二来它们还不是最远的天体。为了更加精确地确定宇宙膨胀的历史和现在的加速度，我们需要更多和更远的天体，而许多伽玛暴恰恰是这样的天体。所以，我们期待 GLAST 在观测伽玛暴的同时能够更加精确地确定宇宙的膨胀历史。

普朗克卫星

　　数年来,高能物理学界和宇宙学界最为期待的是大型强子对撞机的启动和普朗克卫星的发射,因为这两大实验和观测仪器将可能分别给两个领域带来革命性的发现和变化。

　　赫歇尔卫星和普朗克卫星发射后很快分离,独立地飞往目的地。它们的目的地都是所谓的第二拉格朗日点,位于太阳和地球的连线上,但在地球轨道的外侧,距地球 150 万千米,比月亮还要远得多。其实,普朗克卫星的科学前任,美国的 WMAP(威尔金森微波各向异性探测器)卫星早已在第二拉格朗日点上运行 7 年多了。我们没有必要担心这些卫星会碰撞,因为它们不在严格的第二拉格朗日点上,而是在围绕第二拉格朗日点的轨道上。在发射之后的 3 个月内,普朗克和赫歇尔将到达第二拉格朗日点。

赫歇尔是一台远红外望远镜，高 7.5 米，宽 4 米，望远镜直径为 3.5 米。其科学目标是宇宙早期的结构的形成，以及最早的恒星和其他红外线源。赫歇尔也将观测银河系内的一些非常冷的目标，如形成恒星和行星的星际气体，甚至彗星、行星和卫星外围的气体。

普朗克卫星的科学目的比赫歇尔更加"基本"。它是 WMAP 的继承者，所以主要科学目标是测量宇宙大爆炸的遗迹——微波背景辐射。更加准确地说，是测量微波背景辐射微弱的涨落。

我们知道，微波背景辐射的温度大约是 2.725 开尔文，已经获得诺贝尔奖的 COBE 卫星在 20 世纪 90 年代初探测到微波背景辐射的涨落，即温度在不同的方向略有不同，涨落只有十万分之一。这些涨落是如何产生的？流行的理论是非常惊人的：在物质产生之前，宇宙经历了一个急速膨胀时期，这个时期虽然非常短暂，但宇宙被放大了很多倍。这个过程叫做暴涨宇宙，虽然暴力和乏味，但在这个过程中产生的微弱的量子涨落因为引力的原因被固定下来，成为后来微波背景辐射涨落的起源和一些结构的起源（包括星系和星系团）。为了验证这个理论，WMAP 运行的时间里收集了大量的数据。这些数据支持暴涨理论，却不能完全肯定暴涨理论是正确的。原因很简单，虽然我们获得了大量的宇宙婴儿期的信息，这些信息没有多到可以让我们看到确切无误的暴涨过程。即使如此，WMAP 的结果已经帮助宇宙学家们计算出了宇宙的年龄，暗物质的比重，暗能量的比重和一些其他重要的宇宙学数字。

WMAP 卫星的微波探测器可以探测五个波段的微波涨落，最短的波段是 3.2 毫米（W 波段），最长的波段是 13 毫米（K 波段）。探测五个波段不仅是为了相互印证，也是为了将自银河系的一些邻近微波源的辐射区别出来。探测器不仅测量强度，还能测量光子的偏振。强度涨落固然包含大量的早期宇宙信息，偏振同样携带很多早期宇宙信息，并且是强度本身无法看出的信息。

为了解释我们看到的宇宙中的大尺度结构以及微波背景辐射涨落，理论家们提出了很多不同的暴涨宇宙模型，有些模型甚至与大统一理论（统一引力和其他力）有关。理论家们最有想象力，除了暴涨宇宙外，他们还提出了周期性地膨胀和收缩宇宙模型，以及光速在早期宇宙可变的模型。这些模型都声称可以像暴涨宇宙一样解释我们看到的一切，但 WMAP 的数据量和精度还不足以帮助我们排除各种各样的暴涨模型以及周期模型。这样，几乎所有人都将希望寄托在普朗克卫星上。

普朗克卫星携带两个探测器，一个是低频的，一个是高频的。两个探测器使用的仪器类型是不同的，它们不仅探测强度，也探测光子的偏振。低频探测器有 3 个波段，范围类似 WMAP 的探测器。高频探测器有 6 个波段，最长的波段接近低频部分，最短的波段的波长只有低频的十分之一。

为了解决 WMAP 无法解决的科学问题，普朗克探测器的灵敏度比 WMAP 要好 10 倍（可以探测百万分之一的强度变化）。灵敏度是一个亮点，另一个亮点是采用了两个不同类型且波段不同的探测器，这样就会降低探测器本身带来的所谓系统偏差（系统偏差是科学实验中的主要误差来源之一）。

　　我们几次强调光子的偏振，这些偏振携带重要的早期宇宙的信息。偏振可以分为两类，一类叫 E 模，很类似电场模，一类叫 B 模，类似磁场模。我们知道，磁场效应往往弱于电场效应，所以 WMAP 只探测到了 E 模，没有探测到 B 模。宇宙学家们期待，普朗克将探测到 B 模，而 B 模是早期涨落中引力波的部分。探测到 B 模不仅可以帮助我们区别不同的暴涨理论以及其他理论，甚至间接地验证了引力波的存在。

　　到目前为止，宇宙原始涨落都被认为是高斯型涨落，这是一种最为普遍的涨落。任何较大的偏离高斯性涨落将是宇宙早期新物理的信号，宇宙家们也期待，普朗克卫星将会探测到偏离高斯性的涨落。

　　普朗克小组的一位科学家 Andrew Jaffe 说，普朗克的第一法规和第二法规都是，你在分析完数据得到科学结论前，不能谈论普朗克。所以，我们就耐心等待吧。

爱因斯坦的望远镜

　　《爱因斯坦的望远镜：探索暗物质和暗能量》一书的作者是艾弗林·盖茨（Evalyn Gates），他是芝加哥大学卡弗里宇宙物理学研究所的助理所长。

　　"爱因斯坦望远镜"听上去很陌生，其实是专业名词"引力透镜"的一种大众化的说法。我们知道，光学透镜——望远镜的主要组成部分，是通过镜片的折射率来聚焦成像的，那么，引力透镜的原理是什么？在爱因斯坦的引力理论中，光线走最短程线，这种最短程线对于一个距离目标和引力场很远的观测者来说，看上去并不是一条直线。最初验证广义相对论的实验就是在日食时观测恒星光线掠过太阳后弯曲的角度，虽然由于引力场本身很弱，这个弯曲的角度非常小。我们知道，通常的镜片是利用折射以及镜片的曲率来弯曲光线的,而引力透镜则是通过引力场的分布来弯曲光线的。既然引力场存在透镜现象,天文学家利用透镜现象研究引力场以及导致引力场的质量分布就很自然了。

光学透镜和引力透镜在过去被认为是很不相同的现象。非常有趣的是,最近对电磁隐形斗篷的研究发现通常的光学(电磁学)介质可以用引力场类比来研究,反过来,通过设计光学介质,人们开始模拟太空中的引力场,引力透镜效应,甚至黑洞。当然,实验室中的人工光学介质涉及到的空间尺度和时间尺度比太空中的引力透镜涉及到的尺度要小得多,这也为研究提供了便利。

《爱因斯坦的望远镜:探索暗物质和暗能量》是一本科普著作,以引力透镜现象的研究为主线,介绍了当今天文学和宇宙学最为引人注目的两个研究领域,即暗物质和暗能量,同时介绍了引力理论和现象、宇宙学和粒子物理学的一些基本知识。我没有读过英文原文,机缘凑巧,两位中文译者请我校阅他们的翻译,我乘机通过本书学习了过去我不太熟悉的一些知识,例如微引力透镜效应,X 射线天文学。当然,本书的重点是通过不同侧面的研究展示目前暗物质和暗能量的研究成果,而将重心放在暗物质的研究上面。

全书由十二章和尾声以及附注组成。第一章介绍了宇宙的组成和宇宙的历史;第二章和第三章介绍了爱因斯坦的狭义相对论和广义相对论以及宇宙的膨胀;第四章介绍引力透镜即爱因斯坦望远镜,包括一些奇特的引力透镜现象:一个球状物通过引力透镜成像为一个环状物,物体的拉伸和变形,甚至一个目标会形成数个像,形成引

力透镜的质量越大、分布越大,则引力透镜的效应越明显;第五章介绍了在暗物质研究历史中最为流行的两类暗物质候选者,勇士和懦夫。这里勇士即 MACHO,是英文"大质量致密晕天体"的缩写,这些大质量致密物体可能是黑洞,可能是昏暗的星体,而微引力透镜效应的研究的确证实了这些物体的存在,但占宇宙物质的比重不足以解释所有的暗物质。其次,懦夫即 WIMP,是英文"弱相互作用重粒子"的缩写,这些粒子非常可能是暗物质的主要组成部分。

第六章到第九章介绍暗物质研究的各个侧面,第十章和第十一章介绍宇宙的加速膨胀和暗能量;最后,第十二章介绍宇宙的最早期,如宇宙暴涨时期、那个时期产生的时空不均匀性和引力波。我觉得最后的附注很好,为愿意进一步从专业的角度学习和研究宇宙学的读者提供了一些重要和经典的参考文献,并提供了少量的正文中没有给出的关键公式。这也许是最值得科普著作写作者学习的模式。

由于暗物质并不是我研究的领域,我在阅读这本书的过程中学到很多知识,我因此推测作者自己的研究领域是引力透镜和暗物质。这本书的主体的讲述方式非常通俗易懂,为了通俗易懂的目的作者花了很多心思,但个别的地方一些形象的比方未必是完全正确的。有些地方对宇宙学的一些结果过分肯定,例如十分肯定暗能量占宇宙能量密度的 73%,物质(包括暗物质和普通物质)占能量密度的 27%。这些数字主要来自著名的维尔金逊微波背景辐射各向异性探测器的研究结果,该实验以精确性著称,所以其他实验都不自觉地在数字上靠拢这个实验。

弦论与凝聚态物理

过去数年学术界一直时兴学科交叉，典型的有生物与物理学的交叉，金融与数学甚至物理学的交叉。这样的交叉是学科与学科之间的交叉，两个不同的学科本来隔得很远，而一个学科中的学者在学习另一个学科的背景知识和主要问题之后将本学科的方法和知识带到另一个学科，对那个学科发展起到极大的推动作用。所有这些交叉学科的研究其实都还处在起步阶段，前景不可限量。

这次我要谈的其实是一个大学科之内的不同的小学科之间的交叉，具体地说，就是弦论与凝聚态物理之间的交叉。表面看起来，一个学科不同分支的交叉是自然的，其实远不是如此。自然科学特别是物理学到了现代，分工越来越细，很少有人能够同时具备两个或更多不同分支的知识，更不用说做研究了。隔行如隔山这句成语在今天特别有效。

追踪历史,凝聚态物理一开始并不是一个独立的物理学分支。19 世纪,麦克斯韦和玻尔兹曼等人发展了统计物理学,建立了热力学的微观基础,统计物理就是现代凝聚态物理的基础。那时,理论物理学家不认为理论物理学不同方向是分开的,他们中间有些人甚至还做实验,例如麦克斯韦本人。到了 20 世纪初,大多数理论物理学家还能研究理论物理中的任何一个方向,爱因斯坦就是一个典型的例子。其实,爱因斯坦甚至可以被看作固体物理的奠基人之一,因为他用量子论解释了固体在极低温之下的零比热。

到了现代(大约 1950 年后),固体物理和内容更广泛的凝聚态物理才开始独立成为一个分支,其中的研究人员成为专门研究这个分支的专家。但是,凝聚态物理一直与理论物理的另一个大分支粒子物理有密不可分的关系,因为这些分支的基础都是量子力学,甚至量子场论。凝聚态物理更加关心一个系统在有限温度下的宏观性质,而粒子物理的大多数问题是少量粒子组成的系统的问题。当我们需要研究一个由很多粒子组成的系统,此时问题和研究方法与凝聚态物理并没有多少区别。仅有的不同是,凝聚态物理系统关心的是由分子原子或者电子组成的系统,而粒子物理则关心由基本粒子组成的系统,后者的基本组成部分在尺度上比前者要小。我们不能仅由这个区别就得出两个物理学分支研究的问题没有任何关系。

粒子物理在 20 世纪 80 年代初开始真正关心一个有温度的基本

粒子系统，或者更准确地说，一个有限温度的量子场论。20 世纪 70 年代发现了弱电统一理论，强相互作用理论也已成型，即量子色动力学，这两种理论都是规范场论。同时，暴涨宇宙学在 1980 年代初期成为宇宙学研究的一个重要方向，而研究暴涨宇宙学需要考虑最基本的相互作用及其在有限温度下的性质。这样，有限温度场论就从那时起成了一个不大不小的研究领域。

凝聚态物理中的一个大类问题可以用场论描述，特别是当一个系统处于临界状态。处于临界状态的最有名的例子是临界乳光现象。在 1970 年代，用场论来研究临界现象一度风行，肯尼斯·威尔逊（Kenneth G. Wilson）[①]也因开创性研究获得诺贝尔奖。到了 1980 年代中后期，弦论的研究涉及到二维场论，而这些二维场论恰好和研究临界现象的场论一样，正好可以描述同样维度下的临界现象。

所以，弦论早在 1980 年代就和凝聚态物理有交叉了。最近，这种交叉以完全不同的方式再次出现。

这个新方向完全建立在发现满足全息原理的一种等价关系。全息原理发展自黑洞物理，大意是说，一个引力系统等价于低一维的量子场论系统，这也就是"全息"这个词的来源，类似平面的全息照片可

---

① 肯尼斯·威尔逊（Kenneth G. Wilson），美国物理学家，因建立相变的临界现象理论，即重正化群变换理论，获 1982 年度诺贝尔物理学奖。

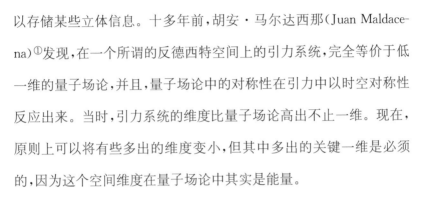

以存储某些立体信息。十多年前,胡安·马尔达西那(Juan Maldacena)①发现,在一个所谓的反德西特空间上的引力系统,完全等价于低一维的量子场论,并且,量子场论中的对称性在引力中以时空对称性反应出来。当时,引力系统的维度比量子场论高出不止一维。现在,原则上可以将有些多出的维度变小,但其中多出的关键一维是必须的,因为这个空间维度在量子场论中其实是能量。

后来,有人将这个等价关系应用到更加实际的系统,例如描述夸克胶子的量子色动力学,这个理论一直是理论家最头疼的一个,因为很多计算难以完成,涉及到高度非线性。但是,利用马尔达西那等价关系,我们可以将量子色动力学中的物理问题变成高一维的引力问题。如果我们想计算量子色动力学中的带有温度的流体,我们就将这个问题变成引力中黑洞背景下的一个问题,因为有限温度正好就是黑洞的霍金温度。很多非线性问题在低能极限下变成了线性问题:我们要做的基本上是在黑洞背景下解一个场满足的线性运动方程。

同样,当一个凝聚态系统处于临界状态时(如高温超导体和一些接近量子临界点的金属),它们原则上可以用一个量子场论来描述。很像临界现象,一些物理问题具有所谓的普适性,与很多微观结构无关。这些普适现象,正好可以用高一维的引力系统的低能动力学来

---

① 胡安·马尔达西那(Juan Maldacena),阿根廷理论物理学家,专长广义相对论和超弦理论。

计算。这就是为什么一年来弦论界突然开始研究众多凝聚态问题的原因。目前被研究过的问题有：量子流体，石墨烯的导电性质，带有杂质的系统，非费米液体……这个名单还在不断地增长。

有人会奇怪，为什么只涉及电子等"寻常"粒子的凝聚态系统会和弦论有关系？回答是，这里弦论中的弦不是解释基本粒子的弦，而是另一种弦，但性质与基本弦差不多，当然一些物理常数变了。

天空和实验室中的暗能量

　　暗能量的发现已经有了 10 年以上的历史。当亚当·里斯（Adam Riess）①和索尔·珀尔马特（Saul Perlmutter）②分别领导的两个小组发现宇宙加速膨胀时，如同历史上所有重大科学发现一样，给科学界带来地震，因为这个发现完全出乎意料，而且很难用已有的理论来解释。

　　我虽然为本专栏写过几次暗能量，这次还是有必要再重复一遍暗能量的特点。首先，它是一种能量；其次，它是一种不同于物质的

---

　　①　亚当·里斯（Adam Riess），天体物理学家，以用超新星作宇宙探测而知名。2011 年，里斯与布莱恩·施密特平分诺贝尔物理学奖一半奖金，另一半奖金由索尔·珀尔马特获得，以表扬他们透过观测遥远超新星而发现宇宙加速膨胀。

　　②　索尔·珀尔马特（Saul Perlmutter），天体物理学家，伯克利加州大学教授，美国国家科学院院士。

能量。众所周知，牛顿万有引力定律告诉我们，任何有质量的物体都会产生引力，例如地球，我们的体重就是地球引力的反映。结合爱因斯坦相对论中的质能关系，能量同样产生引力，例如分子运动对能量有贡献，从而对物体的质量也有贡献，分子运动从而也产生引力。极端的能量的例子是光子，单个光子本身没有质量却有能量，一个光子组成的气体也产生引力。

在宇宙学中，不论是普通的低速粒子还是高速的光子，它们都产生引力，从而使得宇宙膨胀的速度越来越小。暗能量，既不同于低速粒子也不同于光子，它产生的力不是引力却是排斥力。有了暗能量，宇宙膨胀的速度有可能越来越大。里斯和珀尔马特等人发现的是宇宙加速膨胀，这个加速度极有可能是暗能量导致的。在暗能量之外，也存在其他理论解释宇宙加速膨胀，例如有人认为引力理论在宇宙的尺度上被修改了，还有人认为宇宙不是均匀的，而是有着类似洋葱的结构。但暗能量是宇宙加速最简单的解释，大多数人采取这个解释。

那么，暗能量是如何提供排斥力的呢？直观上，很难理解暗能量会提供斥力，因为这似乎与爱因斯坦的理论相矛盾。有一个不是非常直观的解释。我们知道，粒子和光子的运动提供能量，同时也提供压力，爱因斯坦理论告诉我们，压力对引力也有贡献，这其实和运动对能量有贡献类似（压力是运动产生的）。粒子的运动速度很低时，压力基本可以忽略，而接近光速运动的粒子有着很大的压力，光压在实验室是直接可以测量的。光压也产生引力，它对宇宙减速的贡献

和能量对宇宙减速的贡献一样大！

现在，我们可以解释为什么暗能量会产生斥力了。暗能量对宇宙加速有两个贡献。首先是能量的贡献，这部分产生引力也就是减速度，但是，暗能量的压力部分产生斥力，当这个斥力的绝对大小超过引力时，宇宙就被加速了。所以，任何一个暗能量模型都要满足这个要求：压力是负的，且压力产生的斥力大于能量产生的引力。

宇宙即天上的暗能量的测量有很多种。最典型的就是里斯和珀尔马特最初采用的那种，通过选取宇宙中的"路灯"来测量不同距离上宇宙的速度，假定这些路灯与宇宙膨胀一同运动。现在，大家承认同时距离又很大的路灯是 Ia 型超新星。超新星爆发的能量是很大的，所以即使它们很远，我们也能通过巨大的望远镜看到。另外还有一种能量更大的天体，即伽玛暴，它们可能在更远的距离上被我们看到。但是伽玛暴是否是合适的路灯还存在争议，因为我们不知道它们的能量范围是否是固定的，因此我们不能通过视亮度来决定它们到底有多远。

宇宙膨胀的历史还会在其他观测实验中体现出来，例如微波背景辐射，大尺度结构中的一些细节。这些数据也能帮助我们决定宇宙的加速度。到目前为止，所有体现宇宙膨胀历史的数据都支持宇宙是加速的，从而支持暗能量的存在。

天空中的实验往往耗资巨大，费时长久。例如，计划中的所谓联合暗能量使命这个巨大计划有可能因主要支持单位美国能源部和美国航天署的争吵而搁浅（第三个伙伴欧洲航天局也加入了争吵）。即使这项计划最终能够顺利执行,等到升空大约是 7 年以后,等到它带给我们关于暗能量的信息需要更长的时间。

那么,暗能量是否可以在实验室中直接探测到？如果我们能够在实验室中直接测量暗能量,也许就可以在花费较少、周期较短的情况下找到暗能量的性质。如果我们试图在实验室探测和天空中一样的暗能量,答案很可能是否定的,因为暗能量虽然主导宇宙,但它的密度非常低,低到每立方米只有几个质子大小的能量。而且,暗能量很可能就是真空能,真空能除了引力作用外还不知道是否有其他作用。

不过,事情并没有看上去这么绝望。我们知道,很久以前卡西米尔(Casimir)[1]曾经发现两块很大的平行导电板之间的真空能不同于无限大空间中的真空能,其能量密度依赖于平行导电板之间的距离,从而产生引力。这种卡西米尔力已经被实验物理学家成功地测量到了。后来,苏联物理学家利夫希茨(Lifshitz)[2]发现,如果导电板被介电常数有限的介电媒介板代替,两块板之间是介质而不是真空,那么真空能甚至产生斥力。

卡西米尔－利夫希茨(Casimir－Lifshitz)力与两块板之间的距离的四次方成反比,这是因为两块板之间的能量密度与距离的四次方

---

[1]　卡西米尔(Casimir),荷兰物理学家。他根据量子场论的"真空不空"观念——即使没有物质存在的真空仍有能量涨落,而提出著名的"卡西米尔效应"。

[2]　利夫希茨(Lifshitz),苏联物理学家,朗道的学生。在广义相对论领域,利夫希茨是 BKL 猜想(关于一般曲率奇点的性质)的提出者之一,这被广泛认为是经典引力课题中最重要的开放问题之一。

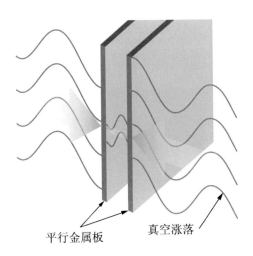

平行金属板　　　真空涨落

卡西米尔效应

成反比,和宇宙中的暗能量完全不同。观测数据告诉我们,宇宙中的

能量密度与宇宙大小的平方成反比,总能量与宇宙的尺度成正比。

假如我们设计一种所谓超颖材料来模拟宇宙,那么超颖材料的能量

密度也应该和该材料的大小的平方成反比,总能量与材料的大小成

正比,而且与卡西米尔能量不同的是,这个真空能应该是正的而不是

负的!

　　曾经,我和两位学生做了一个计算,发现按照一定设计制造出来

的超颖材料的真空能的确是正的并且与材料大小成正比。如果我们

能够在实验室中测量到这个能量,那么,我们猜测,天空中的暗能量

很可能就是卡西米尔能量。

难以置信的萎缩中的质子

质子可以说是人类最先发现的"基本"粒子之一。质子的发现仅晚于电子,约瑟夫·约翰·汤姆森(J.J.Thomson)爵士1897年利用电子在磁场中的运动证明了阴极射线是由一个一个电子组成的,而要到1911年以后欧内斯特·卢瑟福(Ernest Rutherford)才在发现原子结构之后证明质子是原子核的成分之一。

氢原子的原子核就是质子,带一个单位的正电荷,这个电荷和电子的电荷符号相反,但绝对值一样大,所以由一个质子和一个电子组成的氢原子是电中性的。物质的电中性是我们这个世界稳定的原因之一,但直到现在我们还不能够完全理解为什么质子电荷的绝对值和电子电荷的绝对值一样大。到了1960年代以后,我们才开始了解质子不是严格意义上的基本粒子,质子不但有结构,而且可以肯定地说是由夸克构成的,夸克有三个,种类有两种,两个上夸克,一个下夸克。上夸克的电荷数是正的,是质子电荷的三分之二,下夸克的电荷是负的,是电子电荷的三分之一。如果我们解释了为什么夸克带这些电荷,就能解释为什么质子电荷和电子电荷的绝对值一样大了。在某种意义上,我们可以解释:如果夸克的电荷不是这样安排的,那么描述基本粒子的理论在量子力学中是不自洽的。

其实,质子概念的出现远早于卢瑟福的发现,早在 1815 年,英国化学家兼生理学家威廉姆·伯勒特(Willian Prout)就建议所有原子的重量是氢原子的整数倍,重的原子是由氢原子组成的。在某种意义上,他是建议质子比其他原子更基本。有趣的是,他匿名发表了这篇论文。

稍晚发现的另一个"基本"粒子是中子,由卢瑟福的学生洽德威克在 1932 年发现。中子的概念是卢瑟福在 1920 年提出来的,中子的名称和它的电中性有关。后来知道,它也是由三个夸克组成,两个下夸克,一个上夸克,所以电荷严格为零。中子的质量比质子稍重,也只重了千分之一多点。所以在自然状态中,我们很难看到中子,因为中子比质子重所以可以衰变成质子,因为电子比质子轻了 1836 倍,所以中子衰变成一个质子加一个电子外带一个中微子。这个衰变过程叫做贝塔衰变,是最早发现的弱相互作用例子。

所有原子核都是由质子和中子组成的,而不像伯勒特早先猜测的那样只由质子组成。所以,原子序数和原子量不同,前者是电荷的大小,也就是含质子的个数,而原子量是质量的量度,除了质子对其有贡献外,中子也有贡献。前面说过,中子是不稳定的,为什么原子核中存在中子呢?而不是中子很快衰变成质子?原因是,在原子核这样的束缚态中,中子的有效质量变轻了。

从中子可以存在于原子核中这个事实,我们可以想象质子和中子这些由夸克组成的粒子是很复杂的。事实确实如此,在很多加速器中,我们通常会加速质子,而质子和质子碰撞后的产物往往非常复杂,有物理学家曾经这么形容:用质子碰撞来研究基本粒子就像用两个表的剧烈碰撞来研究表的结构。除了用质子和质子碰撞外,有时也会用质子和反质子碰撞。反质子很像质子,只是电荷是完全相反的。

质子的结构既然这么复杂,所以存在很多不同的物理量来描述它。有一个常用的量是电荷半径,粗略地说就是电荷分布的大小。通常的电荷半径是由电子作为探测粒子来定义的(也就是用电子来撞击质子),而氢原子的大小以及氢原子发光的波长和这个电荷半径密切相关。在亚原子世界,我们通常用费米这个长度单位,一费米等于 10^{-13} 厘米。而质子的电荷半径是 0.8768 费米,精确到最后一位小数(最后一位小数 8 可能是 9 或 7)。

质子的结构为什么这么复杂呢?主要有两个原因,第一质子不是基本粒子,它是由三个夸克组成的,第二将夸克结合在一起的力非常强,叫做强力。强力的存在使得计算变得非常难,有一个事实足以说明,那就是质子质量的主要来源不是三个夸克的质量,而是强力产生的量子效应。人们还不能用通常办法计算质子的质量,而必须借助计算机通过所谓的格点规范理论来计算。这种计算最好的结果与实验测得的质子质量相差只有 4% 左右。

几年前，《科学》杂志以"难以置信的萎缩的质子"为题介绍了一个最新实验结果（The incredible shrinking proton，来源于艾丽丝漫游奇境记中的著名的 The incredible shrinking man）。这个介绍告诉我们，德国马普研究所的兰道夫·波尔（Randolf Pohl）和另外 31 人在位于瑞士的一台粒子加速器上制造了一种新的氢原子，这种原子与普通原子的区别是原来的电子被同样带有负电荷的缪子取代。他们测量了这种原子的光谱，发现从光谱推断出来的质子电荷半径与过去的实验不同，相差了 4% 左右。新的电荷半径是 0.84184 费米，很明显，这个结果和过去结果的区别远远超过了实验误差。

到底是什么原因使得波尔等人的电荷半径变小了？要知道，获得电荷半径的方式是测出氢原子光谱中的兰姆位移，这个位移存在的原因是虚粒子对不断地在真空产生。兰姆位移与电子波函数在原子核位置的取值有关，从而与质子大小有关，这个位移也与电子的质量成正比。用缪子取代电子，兰姆位移会变大，因为缪子的质量是电子质量的 207 倍。不过，波尔等人发现，实验测得的结果比预期的还要大，这直接导致质子新的电荷半径。到底是过去人们一直信赖的量子场论出问题了呢？还是别的什么原因使得质子电荷的表现因外面的负电荷粒子不同而不同？也许缪子的存在改变了质子？也许缪子使得质子内部出现电子反电子对？物理学家们正在试图理解缪子使得质子变小的原因。

量子传输

很难翻译英文词 teleportation，这个英文词的意思是，一件东西或一个人在一个地方非物质化，突然（同时）在另一个地方冒出来。"tele"是距离或远距的意思，所以电报叫 telegram，电话叫 telephone，电视叫 television。为了不引起争论，我们暂时用传输指代 teleportation。我们知道，任何带有能量的物体都不可能超过光速运动，所以经典意义上的传输是不可能的，而直到 1993 年，我们才知道量子意义上的传输是可以做到的。所以，teleportation 一定会和量子组合在一起，国内有人将 quantum teleportation 翻译成量子隐形传态，我觉得这个翻译并不好，一来"隐形"容易引起误会，下面就会说到；二来传态太专业化，外行人根本不知道是什么意思。

2010 年 5 月 16 日，《自然光子学》刊物曾经发表过一篇由清华大学和中国科学技术大学合作的论文,他们在北京和怀来之间实现了距离达 16 千米的量子传输实验。消息传出来,不少人在网上说这个合作小组成功地使得一个密码箱在一个地方消失而在另一个地方突然冒出来,似乎真的在现实世界实现了"传输"这个英文词的原来意义上的技术。不少人给我写信或在微博上留言问我这是真的吗? 我不需要看论文也知道这是误解。我想,也许这些误会就是量子隐形传态中的"隐形"两字引起的。

由于不可能使得能量或信息的传播超过光速,经典传输是不可能的。还有一种经典传输也是不可能的,即给你一个量子态,你对这个态实施观测,然后将观测结果通过经典的方式告诉在另一个地方的接收者,让他复制这个量子态。原因很简单,一个量子态在被观测后,状态因观测而改变,我们永远不会知道观测之前的态,更谈不上让别人来复制。当然,有一个很笨的办法,就是将这个量子态原封不动地转移到另一个地方,这样的话,不但速度低(远低于光速),在转移的过程中量子态很可能不小心被破坏。

1993 年,IBM 公司的查尔斯・本尼特(Charles H. Bennett)等人在物理评论通讯上发表了一篇具有突破意义的理论文章,他们提出一种方案,可以实现量子传输。

这个方案非常巧妙。为了理解这个方案,我们从贝尔纠缠态说起。我们知道,现代计算机的语言元素非常简单,用 0 和 1 来写出信息,这叫比特。量子力学中,要实现比特我们需要找到一个量子系统,它的状态可以只是两种,例如电子的自旋,可以向上,也可以向下。光的偏振也有两种，一种是垂直的，一种是水平的。但量子力学系统不同于经典系统，它可以同时处于两种态中，例如光的偏振，当光既有水平偏振又有垂直偏振时，其实它的偏振是斜的，多斜取决于它在两个不同偏振的比例。光子就是一个量子比特系统，其状态叫量子比特，不是分列的，是由一个连续数来描述。其实，一个量子比特应该由两个复数来描述，这两个复数的绝对值之和等于 1，对于光来说，因为既有电场也有磁场，量子比特也是这样的。

上面说的量子比特的特点就是量子力学的一个重要的但难以用日常经验理解的特点，线性叠加或量子叠加。对于光来说我们很容易理解，但对于一个很大的系统来说，量子叠加确实是一个很诡异的事情，例如薛定谔的猫，是生和死的叠加。

回到本尼特提出的量子传输方案。我们现在知道了量子比特的含义，为了直观起见，让我们用一个"经典"例子来取代量子比特。我们用袜子的白色和黑色取代电子的自旋向上和向下（或光子的偏振），现在，假想一只袜子可以同时处于白色和黑色状态，一个这样的状态就是一个量子比特。艾丽丝有这么一只袜子，她不知道是白色的还是黑色的或者同时是白色和黑色的，她也不能观测，否则就会破坏这只袜子的状态。但她想将这只袜子的状态传递给在远方的鲍勃，该怎么办呢？

我们将这只袜子记为 A。本尼特等人建议，为了将 A 的状态传递给鲍勃，艾丽丝和鲍勃需要另一对袜子，记为 B 和 C，艾丽丝保存 B，鲍勃保存 C。现在，我们需要贝尔纠缠态。什么是贝尔纠缠态？

就是 B 和 C 的颜色是一样的状态：当 B 是白色的时候，C 也是白色的，当 B 是黑色的时候，C 也是黑色的。也就是说，作为一个系统，(B,C)同时处于两个状态中，其中一个态中 B 和 C 是白色的，另一个态中 B 和 C 是黑色的，这两个态的权重一样大。其实，由于是量子力学，权重可正可负，所以有两个贝尔纠缠态。在第一个贝尔纠缠态中，白色和黑色的权重都是 1，在另一个贝尔纠缠态中，白色的权重是 1，黑色的权重是－1。我们可以将这两个贝尔纠缠态推广到反关联的纠缠态：如果 B 是白色的，那么 C 就是黑色的，如果 B 是黑色的，那么 C 就是白色的。由于权重的符号可以是负的，也有两个反关联纠缠态。两个正关联纠缠态加上两个反关联纠缠态一共是 4 个态，正好是(B,C)系统的总状态数。

现在，艾丽丝和鲍勃持有的袜子 B 和袜子 C 处于一个正关联的纠缠态中，我们总可以事先做到这一点，例如利用原子同时辐射出的两个光子。接着是本尼特等人方案的妙处了。艾丽丝为了将 A 的状态传递给鲍勃，她不观测 A，她同时观测 A 和 B，并且，她选择用纠缠态来观测，就是说只观测(A,B)这个系统的四个贝尔纠缠态。一旦这个系统处于某个纠缠态中，由于鲍勃手里的袜子 C 事先和 B 纠缠了，C 的状态和 A 在艾丽丝观测之前的状态有关。例如，如果(A,B)经过艾丽丝观测处于原来(B,C)的状态中，即同时是白或同时是黑的状态中，那么鲍勃的袜子 C 自动变成和 A 在被观测前一样的状态。如果 A 和 B 反关联，C 的状态虽然不是 A 之前的状态，也和这个状态有关，只要艾丽丝告诉鲍勃她所观测的结果，鲍勃就知道 C 的状态了,他只要简单地对 C 做点事情,就可以完全复制 A 之前的状态。

本尼特等人的方案发表后,直到 1997 年,安东·塞林格(Anton Zeilinger)等人才在实验室中用光子实现了量子传输,2004 年鲁伯特·厄尔辛(Rupert Ursin)等人在多瑙河上将量子传输的距离增加到 600 米。后来也有用原子实现量子传输的。

阿凡达的灵魂传输

　　我看了两次詹姆斯·卡梅隆的《阿凡达》，作为一部大片，《阿凡达》自然以娱乐为主，但也有一些人文精神在里面，比如说人类过于执著于物质，反而不如潘多拉星上的土著纳威人可以"通灵"。当然纳威人的通灵不是我们地球上各种宗教中的那些方式，而是某种生物集合之间情感和精神的传输。这里我用"传输"两个字，就是想表达《阿凡达》中的一个重要科幻元素，就是灵魂的 teleportation，对应中文的"传输"一词。

　　灵魂的传输是纳威人的一种本能，在地球人这里，最高的形式就是将人类的思维移植到你的"阿凡达"中去。阿凡达是英文 avatar 的音译，这个英文单词是化身的意思。人类躺进一部机器中去，像是睡着了一样，灵魂就跑到阿凡达的大脑中去了。电影《阿凡达》在这里似乎严格忠于科学，因为在量子物理中，我们有所谓量子不可复制原理，即你不可能将某个量子系统的态严格复制到另一个量子系统上去，除非你破坏原来那个系统的状态。所以，你的灵魂只能传输到阿凡达的大脑中去，却不能被拷贝过去。传输过去后，原来的你将处于完全不同的状态，在电影中是休眠状态。

纳威人要将一个人的灵魂传输到另一个人身上去，必须借助圣树和爱娃的力量，而爱娃则借助潘多拉星球上所有生物的能力。主角杰克就是这样，在他和纳威人以及潘多拉星球上的其他人一起赶走地球人之后，他更愿意活在他的阿凡达体内，所以圣树就成了量子传输机，将他的灵魂输运到阿凡达体内，而他自己的身体就死亡了。

灵魂输运是一种彻底的传输，而纳威人和潘多拉其他动物的交流则是借助辫子与辫子对接，这大概是一种量子通讯，这里我们不作更多探讨。

回到量子传输。2010 年 5 月 16 日，《自然光子学》刊物发表了一篇由清华大学和中国科学技术大学合作的论文，他们在北京和怀来之间实现了距离达 16 千米的量子传输实验。事后，不少人在网上说这个合作小组成功地使得一个密码箱在一个地方消失，而在另一个地方突然冒出来，似乎真的在现实世界实现了"传输"这个英文词的原来意义。这当然是误传，以现在的技术，我们只能做到非常有限的传输。那么，这种技术到底怎么实现的？现在能做到的又是什么？

我们前面说到量子不可复制原理不允许我们将一个量子态完美地复制（任何态说到底是量子态），但在 1993 年，著名的查尔斯·本尼特(Charles H. Bennett)和他的合作者提出一种方案可以实现量子输运。考虑最简单的物理系统,一个粒子(其实是离子)或一个光子,这个系统只有两个可能的态。例如光子,有两种偏振。当然光子其实有无限多个可能的态,都可以由两种偏振组合起来,得到更一般的偏振。现在,甲有一个光子 A,他想将这个光子的偏振传输给在另一个地方的乙,可以叫作通讯,也可以叫作传输。最简单的方法是将这个光子发射给乙,但发射的过程会破坏这个光子的偏振。为了解决这个问题,本尼特等人建议,还要另外准备一对光子,并且让这对光子处于最大纠缠状态(就是说,这对光子的态一模一样,这可以通过半导体辐射实现)。现在,甲将处于纠缠态的一个光子 B 发射给乙,自己保留另一个光子 C。为了将光子 A 的偏振"拷贝"到乙手里的光子 B 上,甲同时对自己手中的光子 A 和 C 进行观测,然后将观测结果告诉乙,乙就可以根据观测将手里的光子 B 的态"调到"A 的态。这里涉及的具体量子力学原理我们不细说,我们只强调过程。

　　电脑是用 0 和 1 组成的字串来处理信息的,同样,我们可以利用一组光子的状态处理信息。从上面的介绍可以看到,为了将一串光子的态从甲处传输到乙处,我们就需要为这组光子准备一组成对的且处于最大纠缠的光子。这个原则上并不难,困难在于如何将其中的一半光子平安地发射到另一个地方。

　　在清华和科大联合小组的实验之前,最大的传输距离只有几百米,现在的传输距离一下子达到了 16 千米,超过地面到通讯卫星的有效距离了(高空空气稀薄,所以有效距离变短)。这个实验将量子通讯的实现推进了一大步。

我们知道，所有物体，包括人类，都是由分子原子组成的，传输一个物体就是将这个物体中的每个分子原子的状态完全传输到另一地，也许，这种光子和离子的实验在未来会渐渐扩大到传输一个宏观的物体。直到那时，《阿凡达》中的灵魂输运，《星际迷航》中的人的整体输运才会逐渐变为可能。

另一只鼓的鼓点

我在日常生活和工作中并不会经常想起钱德拉塞卡（Chandrasekhar）[1]这个名字，因为他的研究领域不同于我的研究领域。然而从大学时代开始，钱德拉塞卡这个名字就一直出现在我感兴趣的专业书上，如《辐射转移》，因为我大学

钱德拉塞卡

---

① 钱德拉塞卡（Chandrasekhar），印度裔美国籍物理学家和天体物理学家，钱德拉塞卡在 1983 年因在星体结构和进化方面的研究而与另一位美国天体物理学家威廉·艾尔费雷德·福勒共同获诺贝尔物理学奖。

时学的专业是天体物理。我在研究生时代开始学习弦论和与引力有关的领域,如宇宙学和黑洞物理,也一直没有能够脱离钱德拉塞卡的影响。钱德拉最后的工作,关于黑洞研究的部分结果,如拟简正模式在 30 多年后的今天成为研究的一个热点。还有,在钱德拉塞卡去世的一年后,我到了芝加哥大学。

费恩曼

1993 年,我在布朗大学附近的一家书店买到卡迈什瓦尔·瓦利(K. C. Wali)所著的《钱德拉》(Chandra),很快我就读完了这本书。读完这本书,我对钱德拉形成了更加具体的印象,这个印象可以用薛温格评价费恩曼(Feynman)[1]的一句话来总结:另一只鼓的鼓点。

当然,钱德拉是一个与费恩曼完全不同的人。前者的生活井然有序,到了每次开车在哪个加油站加油,什么时候在何处接搭车的学生(准确到分钟)都一成不变的程度,而后者过的是一种浪漫生活;前者一生的研究不刻意追随主流,而在他的研究完成后 10 年甚至 20 年后

---

[1]　理查德·菲利普斯·费恩曼(Richard Phillips Feynman, 1918—1988),美籍犹太裔物理学家,加州理工学院物理学教授,1965 年诺贝尔物理奖得主。

却成了主流，后者一生研究的都是当时最时髦最主流的问题，虽然切入问题的角度完全与众不同；前者一生带了 50 名博士生，后者基本不带学生；前者是一个着装严整对过程有一种宗教式虔诚的谦谦君子，后者是一个很有表演才能而且喜欢表演的艺术大师……所有这些不同的工作和生活特征，使得他们当之无愧地成为与众不同的一只鼓，鼓点自然与众不同。

以上是我第一次阅读瓦利所著的传记得到的印象，细节并不都很重要，所以这本书达到了一本好的传记应该达到的目的。14 年后重新阅读这本书，这次读的是中文版，才发现一个人的记忆是多么不可靠。我自然记得那些对于钱德拉来说最重要的事，如 20 岁时从印度到英国的留学途中发现了"钱德拉塞卡极限"（在此极限上的白矮星不可避免地会塌缩成中子星或者黑洞），后来爱丁顿对这项工作的非理性的攻击使得钱德拉转向其他领域，这也成就了他后来的研究风格：受审美理念支配研究一个接一个不同的领域，并将这个领域的所有凡人能够解决的问题尽量都解决。我也记得钱德拉精深的文学修养，到了晚年还通读莎士比亚并播放莎士比亚所有悲剧的录音。同样，到了晚年研究牛顿的《原理》，试图证明其中的命题并与牛顿原来的证明作比较。一个人担任《天体物理学》杂志责任编辑达 20 年之久。总之，这是一个无论在学问和人格上一般人绝对难以企及的人。当然作为传记，作者没有忘记告诉我们钱德拉的生活中的一些细节以及他的妻子的故事。我最关心的还是他与印度的根深蒂固而微妙的关系,这对于一个身在东方国家的读者尤其容易理解。我向读者特别推荐最后与钱德拉对话的那一章。

玻璃球艺术

有几件事碰到一起，又让我想起写科学与艺术这个话题。

先是百度新知里有人提出一个问题："科学与艺术的结合，是否就等于在艺术作品中弄点声光电？科学与艺术的融合是否存在形式主义的流弊？"我回答了这个问题。接着，凑巧的是，我收到一个致力于将科学结合到艺术中的组织"未知博物馆"的邀请，去讨论科学与艺术相结合的话题，于是在798与一些艺术家一起深入地聊了一些有关的事情。

前段时间，出于改善个人情绪的原因，我读了黑塞的著名小说《玻璃球游戏》。有了这个背景，我是这么回答百度新知那个问题的："有人对我说，科学和艺术成为一家了就是人类文明的巅峰之时。我回答这还需要两个世纪，其实我根本无法肯定科学艺术是否可以统一。黑塞在《玻璃球游戏》里写的玻璃球游戏就是一种统一，最后，玻璃球游戏大师越来越宗教化了，我想这正是爱因斯坦所说的宇宙宗教。但黑塞让玻璃球大师失踪使得巅峰成为永恒的谜。"

黑塞是一位对东方哲学比较了解的小说家，他的另一本名作《悉达多》写的是佛陀觉悟的故事，涉及到个人心灵的修行。而《玻璃球游戏》通过写一位成为玻璃球游戏大师的个人经历，描写一个人在人类智慧领域的活动中如何一次又一次地"觉悟"。在一个未来世界，尘世之外存在一个相对独立的王国卡斯塔里，在这里生活的人们各有专业，是形形色色人类文明的领域，每个领域有一个大师，例如音乐大师、数学大师。而玻璃球游戏则是科学和艺术的综合，特别是数学和音乐的综合。玻璃球游戏大师是这个王国最受人尊敬的大师之一。在黑塞的心目中，科学与艺术是可以融合的，其结果就是玻璃球游戏。

到目前为止，有很多艺术形式利用的是科学所提供的技术，和科学本身并无多大干系。例如，IMAX 的三维电影，尽管我们在观看《阿凡达》时觉得身临其境，伸手可以摸到那个生命之树和从它身上飘落的花，我们在体验时并没有像玻璃球游戏大师那样体验科学本身。还有很多艺术利用激光造成某种效果，甚至用烟花构造一些形象，例如 2008 年奥运会开幕式上的"大脚印"。这些都属于将现代科学技术应用到艺术表现上的事例，并不是艺术和科学水乳交融的结合。

巴赫也许是真正地将数学应用到音乐中去的大师，例如他的赋格以及十二平均律，实实在在地将数学与音乐联系在一起。数学可以与音乐紧密相关，是因为我们听觉的特殊性。例如，在十二平均律中，每一个音对应一个频率，这个频率在弦乐中被转换成弦的振动波长。十二个音对应的波长之间成等比关系，这个比例是 2 的 12 次开方。巴赫也许是第一位将这个严格的关系应用到作曲中的，他有一个系列钢琴作品，命名为"十二平均律曲集"，每个音与大调和小调的结合都有一个作品对应，例如著名的 C 大调。

而十二平均律之间的严格关系是中国人发现的，这个人就是明代皇室子弟朱载堉（1536—1610）。他在万历十二年写成《律学新说》，解决了一个长期困扰人们的难题。据说，朱载堉的理论通过传教士传到了西方，而著名数学家马林·梅森（Marin Mersenne）在《谐声通论》发表的理论受到了朱载堉的影响，至少物理学家亥姆霍兹在《论音感》一书中承认了朱载堉的贡献："中国有一位王子名叫载堉，力排众议，创导七声音阶。而将八度分成十二个半音的方法，也是这个富有天才和智巧的国家发明的。"亥姆霍兹本人是物理学家，他著名的贡献有能量守恒律和电磁学，他同时还是生理学家，发表过《音调的生理基础》。

在和"未知博物馆"的艺术家们讨论的时候,他们提到了菲波那契数列,这个数列在自然的一些构型中得到了自然的运用,例如鹦鹉螺的螺旋。这个数列也与音乐有关,常见的曲式与菲波那契数列头几个数字相符,它们是简单的一段式、二段式、三段式和五段回旋曲式(菲波那契数列前几个数是:1,1,2,3,5,8)。菲波那契数列中两个相邻的数之比趋近黄金分割数 0.618。

最近,我迷上了拉赫玛尼诺夫钢琴协奏曲,特别是第二钢琴协奏曲。据说,第二钢琴协奏曲的第一乐章的高潮发生在再现部的开端,是整个乐章的黄金分割点。我不知道拉赫玛尼诺夫懂不懂数学,至少他下意识地运用了黄金分割。

在 798 的"艺术和科学"讨论会上,我们还谈了时间与空间、高维、弦论。所有这些,如果将来被证实为真正的科学的话,将会在艺术中发生什么样的影响,我不知道答案,但我对黑塞的想象深感兴趣。也许有一天,当我们豁然开悟,就会明白《圣经》中所写的失乐园中的两棵树,智慧之树和生命之树,其实共有一个根。

我用自己的一首诗结束这篇文章:

走在两个词的中间,一个词如同白昼

另一个是黑夜。那么清晰的白昼和那么不可知的黑夜是

同一个天顶,呈现威胁的蓝色和可以穿透的深海

在交接处,是壮阔和悲哀

一轮落日,融化在云间

你上半生在白天看自己的身影,进入夜晚

你用想象寻找那个影子

我们一直在返祖

在不眠和流泪中揭开自己的肋骨

我们一直是那个男人,和那个女人

我们在地上梦见——

那人摘那树上的果子,那人开了天眼

另一棵树,被移植到尘世。那人的后代一直

在想象和黑夜中,锻打自己

并梦见生命之树

诗中的两个词,就是科学和艺术。

科幻会影响科学吗？

说起科幻小说我们总会想起法国的凡尔纳，英国的威尔斯，美国的阿西莫夫。我自己读过这些人的作品，特别是凡尔纳的，如《海底两万里》《地心游记》《环绕月球》。可是，谁是最早的科幻作家？凡尔纳不过是 19 世纪人，威尔斯的早期作品也是在 19 世纪末创作的。他们都不是最早的科幻作家。

在近代科学时代，最早的科幻作家也许是大名鼎鼎的天文学家、物理学家兼哲学家开普勒。他在 1620 年到 1630 年之间写了一本小说《梦》，被阿西莫夫和萨根认作第一本科学幻想小说。开普勒这部小说中的主角杜拉库图斯（Duracotus）是一位女巫的儿子，也是开普勒名义上的老师第谷的学生。杜拉库图斯的妈妈的老师是来自月亮的精灵,每逢日食时,精灵就可以通过连接地球和月亮的黑暗隧道来往于地球和月亮。杜拉库图斯想去月亮上看看,他的月亮之旅其实是为了证明哥白尼理论的正确性。就是说,从月亮上观测地球,我们就能看到地球环绕月亮运动。既然作为月亮上的观测者会误会地球围绕月亮运动,我们也会误会太阳围绕地球运动。杜拉库图斯喝了一些可以让他昏睡的药,在到达月亮和地球引力的平衡点之后,就慢慢地滑向月亮。从这一点来看,开普勒已经知道月亮和地球都会产生引力。我们不知道的是,开普勒的大脑中是否已经有了牛顿万有引力的概念。

开普勒的《梦》也许并没有启发他和牛顿去发现万有引力定律,却预言了万有引力,也预见了 20 世纪人类的登月之旅。在这一点上我们可以说,《梦》是所有理性的科幻小说的样板:这些小说预言了一些在未来出现的科学技术,却未必启发科学家作具体的科学发现。毫无疑问,凡尔纳是最为成功的预言家,他的《海底两万里》预言了潜水艇。当然,在 1869 年,《海底两万里》发表的那一年,真的潜水艇已经存在并用在了军事上。而靠柴油驱动的潜水艇直到 19 世纪末才出现,凡尔纳小说中的潜水艇的动力直接来自海洋(当然他无法预见到 20 世纪 50 年代才出现的核潜艇)。这本小说的冒险成分远远大于科学幻想成分。至于《地心游记》,现在还无法实现。而《环绕月球》,人类在 20 世纪 50 年代和 60 年代实现了,中国则在本世纪实现了。

　　如果说凡尔纳科幻小说的主题是冒险,那么威尔斯科幻小说的主题则是哲理。他的成名作《时间机器》是一切时间旅行和穿越小说的鼻祖。在小说中,威尔斯认为时间其实是第四维,这在一定程度上预言了爱因斯坦相对论的主要观点之一。小说主角是位科学家,他造出了时光机并借以旅行到非常遥远的未来。这部小说在当时引起了关于社会问题和伦理问题的讨论。直到1960年代,物理学家才开始在爱因斯坦的广义相对论框架下认真讨论时光机的可能。直到今天,这还是一个争议很大的问题,很多人认为在原理上,我们不可能制造出可以帮助我们回到过去的时光机。威尔斯的另一部小说《隐形人》我过去也读过,确实有令人心惊的效果。隐形人在现代奇幻小说《哈利·波特》中也出现过,是以隐身衣的方式出现的。威尔斯的隐形人是通过一种药物使人的身体折射率和空气一样,而隐身衣的原理则不同。在科学上,从2000年开始,物理学开始在隐身材料的研究方面做出了突破。隐身材料能让平行的光线在材料中弯曲后再以平行光线的形式出现,如果在材料中藏有任何东西,利用光线探测这个东西的人就不会看到它,这虽然和威尔斯的想法完全不同,却有类似之处。

　　我不知道历史上是否有过一本科幻小说真实地启发了一位具体的科学家做出具体的科学发现的例子,但科幻小说确实会拓展人们的视野，让人们去想象当时科学技术还做不到的事情。从开普勒的《梦》开始，直到最近的《黑客帝国》，都是这样。说到《黑客帝国》，我倒是觉得未来将见证这个系列主题的实现，即，人类将越来越依赖电脑和网络。即以今天我们到哪里都有上网的欲望为例，无论中外都是如此。例如现在朋友聚会，我们很多人很快就爬上微博，发消息发照片，互相加关注。也就是说，网络已经成为我们身上不可或缺的感觉和交流器官。所以，如果我预言未来人类将大部分甚至绝大部分生存在网络中，甚至在网络中吃喝拉撒睡，大概不会太离谱。

最后，我不得不提一下刘慈欣以及他的科幻小说《三体》。著名的大刘也是《新发现》主编极为欣赏的小说家。国内有众多《三体》迷，这不奇怪，因为科幻迷以及由科幻迷组成的亚社区是全球现象，不限于中国。《三体》幻想了未来人类和外星智慧的交往以及斗智斗勇，在物理学和航天上有很多极有想象力的设想，例如将质子展开为一个极大的两维面，例

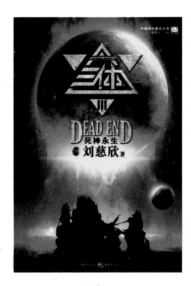

三体

如宇宙的未来归宿。《三体》甚至是英文维基科学推理词条中唯一被提到的中文科幻小说。

霍金在为克劳斯著作《〈星际迷航〉的物理学》的序中写道："科幻不仅有趣也会启发人类的想象力。我们也许还没有达成'大胆地去那些人类还没有到过的地方'，但至少我们可以在想象中做到这样。……科幻和科学之间是双向交易。科幻提出一些科学可以容纳进去的想法，而科学有时发现比任何科幻都离奇的概念。"

粒子物理的前景

美国是一个彻头彻尾的市场经济国家,甚至科学研究也不例外。我不是说在美国科学研究就像国内某些人的观点一样要和经济挂钩,而是指以美国的基础科学研究为经费的去向所引导。

例如在物理这个领域,如果今年的经费给生物物理多些,那么生物物理就是热点;如果给纳米科学多些,那么纳米科学就是热点。我在台湾访问的时候,那时理论科学中心的主任所持的观点就是如此,因为他基本是美国派的。他的那句话一直在我的脑子中徘徊不去:选择钱多的地方做研究(英文原文大概是:you go where the money goes)。这种市场经济式的研究策略的缺点不言自明,你永远没有自己的目标,你的研究计划甚至可能是短命的,因为也许一两年后热钱会产生新的热点,而旧的热点将不再热。

前面说了这么多废话,是为了讨论美国粒子物理界最近遇到的一个问题。美国的粒子物理,或者更一般地说,高能物理,一直以来主要靠能源部支持。能源部的经费增加了,粒子物理的日子就会好过一些;相反,就会一片哀鸿。我还记得1993年美国国会决定终止超级超导对撞机计划的情景,很多人失去了工作,美国乃至世界的高能物理研究被滞后了十年左右。

美国能源的财政预算是一个什么情形呢?比如说2008年度的财政预算,它的预算大约是40亿美元,其中花费在粒子物理研究上的预算在7亿美元左右。更加具体地,2007年花费在粒子物理上的经费是7.51亿。而2008年不升反降,只有6.88亿美元。被裁减经费影响最大的是国立实验室,例如费米加速器实验室就要裁减3300万美元,可能有200到300个雇员将失业。

失业自然是一个令人沮丧的消息,对粒子物理界来说,情况远比一些人的失业严重。正在进行的一些主要计划将受到经费缩水的影响,例如费米实验室未来的主打项目中微子实验,还有未来国际直线加速器的研发计划,以及无线电波段超导加速器的研发计划。

高能物理从来都是一个以实验为主导的领域,如果实验计划受到影响,理论家的日子也不会好过。本来,由于大型强子对撞机运转在即,粒子物理是一片兴旺的样子,现在却遭到美国裁减财政开支的

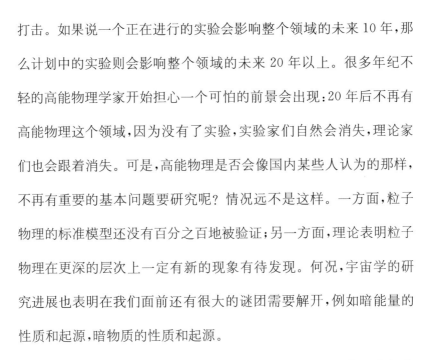

打击。如果说一个正在进行的实验会影响整个领域的未来 10 年,那么计划中的实验则会影响整个领域的未来 20 年以上。很多年纪不轻的高能物理学家开始担心一个可怕的前景会出现:20 年后不再有高能物理这个领域,因为没有了实验,实验家们自然会消失,理论家们也会跟着消失。可是,高能物理是否会像国内某些人认为的那样,不再有重要的基本问题要研究呢? 情况远不是这样。一方面,粒子物理的标准模型还没有百分之百地被验证;另一方面,理论表明粒子物理在更深的层次上一定有新的现象有待发现。何况,宇宙学的研究进展也表明在我们面前还有很大的谜团需要解开,例如暗能量的性质和起源,暗物质的性质和起源。

我们也许会想当然地认为,美国一个国家的情况不会左右整个世界的粒子物理。这是错误的。欧洲当然也是粒子物理研究的一个重要部分,英国 2008 年的预算明显也裁减了国际直线加速器的研究。那么,是否可以说,这给中国提供了一个不可错过的机会? 我不这么认为。一来,相对美国和欧洲,甚至日本,我们的研究不论在人力还是财力上来说都远远不如。就拿国家自然科学基金委来说,2006 年的总经费是 31.6 亿人民币,折合成美元只有 4 亿左右,其中拿来支持粒子物理研究的只是极小的一部分(而美国仅能源部就有 7 亿美元拿来支持粒子物理)。

或许我们有乐观的理由,因为近年来中国对基础科学投入的力度逐年增加。自然科学基金委 2005 年的总经费是 24.5 亿人民币，与 2005 年相比，2006 年增加了 29％，如果我们期待未来的经费增加一直是这个百分比（当然这是过分乐观了），十年后基金委的总经费将是今天的 12 倍，折合成美元超过了美国能源部现在一年的预算，接近美国自然科学基金委现在一年的预算。美国基金委 2007 年的经费是 60 亿美元。我知道我这是痴人说梦，但有梦总好过无梦。

那么，到底是什么原因引起了美国科学研究经费的缩水？答案是战争，伊拉克战争和阿富汗战争。这两场战争通过的 2008 年财政预算是 700 亿美元。科学当然不能和战争竞争经费，剩下的只有是科学内部的争吵。这种争吵有非常悠久的传统，例如研究凝聚态物理的一些人抱怨政府不该投入太多的大科学，应该转过来支持小实验室中的"小科学"。除了物理界内部的争吵，争吵也会扩散到物理界外部去，涉及到卫生部、航天部，等等。

我赞同英文科学博客 Sean Carroll 对兴趣之争的看法。兴趣从来都是个人化的，没有什么兴趣，包括科学研究兴趣，有所谓"普世"的原则。一般说来，所有科学研究都值得支持，但谁先谁后，大众说了也不算，不仅因为兴趣的个人化因素很重，还在于科学研究的基础性和应用性往往在研究完成后很长一段时间才能呈现。解决争论的唯一办法就是大家竞争，尽量依靠专家的看法，因为只有他们对专门的领域有很深的体会和较为合理的判断。

智 商 与 智 慧

　　在科学时代,高智商肯定是一个人值得夸耀的东西。即使在一个不科学的时代,如中国的宋代,另一种智商也是值得夸耀的东西,如会作诗或会写文章,那时人们将这类人叫作才子。才子或聪明人,都是你太有才了的表现。

　　我们不想在这里解析什么是智商,恐怕专业研究智商的人都没有就智商是什么达成共识。

　　《三联生活周刊》有一期在讨论翡翠的同时,也讨论了国际门萨组织,这是一个会员比较多的高智商组织。我觉得这两个题目都比较无聊,因为翡翠只是东方人对玉石的一个最大的迷思,可能在西方人眼中它和雨花石的价值区别不大。

能够进入门萨，智商高是无可怀疑的。我过去在美国曾经买过一本门萨的题目集，能够在短时间内做对的题目很少，当然，那本书中的题目都是高难题目。那么，进入门萨的门槛有多高？根据《三联》的文章和维基，你通过考试证明你是人类中就智商来说是2%的就可以了。换句话说，中国人口13亿，大约有2600万人可以进门萨。门萨的会员只有10万人，有50个国家门萨协会，中国应该是新进。区区10万人，可见很多高智商的人没有进入门萨，或者不知道这个俱乐部的存在，或者不屑进入。不屑进入门萨的，我们知道的有费恩曼同学。

　　《三联》提到，香港人在做门萨考试的时候，有80%的人可以通过，一方面说明这些人有备而来，另一方面是否证明了中国人的确很聪明？

　　门萨会员的一般智商到底有多高，这要看人类的2%的智商平均是多少。我查百度的门萨条，得到的解释是门萨会员的入会门槛是智商要达到148，真不知道百度的资料来源是什么。148是相当高的智商了，我不能肯定麦当娜能否达到，因为据说她的智商是140。另一方面，门萨的会员吉娜·戴维斯（Geena Davis）的智商也是140，可见百度是胡说八道。美国影星中高智商的还有：朱蒂·福斯特（Jodie Foster），智商132；莎拉·斯通（Sharon Stone），智商154。

　　有趣的是，没有结婚的朱蒂·福斯特生了两个孩子，第一个孩子

来自于一家精子银行的精子，很成功，精子的提供者的智商是160。由于第一个孩子很成功，朱蒂的第二个孩子来自于同一个精子捐献者。

谁比谁傻多少？这是我们时代的一句名言，说明绝大多数人不认为高智商有什么了不起。在某种意义上，智商高的确不等于将来的成就大。小时了了，大未必佳，我们见过太多的长大了很失败的神童。智商不等于智慧，充其量智商是小智慧而已，而通常的智慧是大智慧。

智慧有很多种，不同的智慧在不同的方面取得成就。有人喜欢说爱因斯坦小时候学习成绩不好，这也是误传，或者也是一种迷思，爱因斯坦小时候的确很聪明，智商不低。我们找不到爱因斯坦的智商记录，但一家网站说爱因斯坦的智商是160，和提供朱蒂精子的那位捐献者一样高，却低于其他一些名人，如演员詹姆斯·伍兹（James Woods），他的智商是180。象棋大师鲍比·费舍尔（Bobby Fischer）的智商高达187。

在一次组会之后的例行工作餐上，我和学生聊智商问题，说研究物理和数学的智商一般不低，但高智商不等于智慧。华人陶哲轩据说智商超过220，百万人中才能出一位（所有已知的名人中还没有这么高的），他能否成为高斯那样的大师还需要时间来证明，也许他的智商远远高于证明了庞加莱（Jules Henri Poincare）猜测的佩雷尔曼

(Perelman)。老实说,就我接触过的弦论界人士而言,威滕(E.Witten)的智商应该是最高的,远高于160,但威滕是否能够达到爱因斯坦的高度恐怕大成问题,毕竟,爱氏是250年才出一位的物理学家。

研究科学在需要智商的同时更需要洞见和耐心,相信这三个因素都是形成智慧不可或缺的,因此爱因斯坦说过,也许最终决定一个人成就大小的不是他的聪明程度,而是气质。气质,也许就是洞见和耐心的综合。

爱因斯坦160的智商当然很高了,在我的弦论同行中大概算高的了。我相信弦论界应该有不少高于160的,但在弦论的传统中,我们很少强调气质,却太多地强调跟主流,所以弦论界的不少智商被浪费了,没有转化成智慧。

纯粹为了好玩,我们看看其他一些高智商的物理学家和数学家。霍金的智商,很荣幸地,和爱因斯坦一样高,160。可惜他们两人在大科学家中不算高,牛顿同学的智商高达190(真不知道他们是怎么算出来的),和牛顿一样高的是天文家兼数学家拉普拉斯,数学家兼哲学家维根斯坦。哲学家乔治·贝克莱的智商也达到了190。比他们高的有:数学家帕斯卡,195;莱布尼兹达到205;而歌德达到了可怕的210。

看到这个名单我们不必泄气,因为还有很多大科学家的名字没有被提到,极有可能说明这些人的智商没有达到这个高度。

最后,为了鼓励一下我们自己,我要提一下教授的平均智商和 CEO 们是一样的,是最高的,在 112～132 之间,高于医生、作家、电脑专家和工程师,后者是第二高的群体,在 108～129 之间。所以,当我们说文科傻妞时,千万要弄清楚她是不是作家,如果是作家,比我们差不了多少。我记得一位不那么有名的作家对我说过,写作,是一件需要高度创造性的事情。而所谓的新闻作家的平均智商比较低,在 97～116 之间。

我们的创造力哪去了？

Making the simple complicated is commonplace; making the complicated simple, awesomely simple, that's creativity.

让简单的事情变得复杂是平庸，让复杂的事情变得简洁，是创造力。

——爵士音乐家查理·明格斯 (Charles Mingus)

一个人一生总得创造点什么。那些历史上留名的人，不是因为挣了多少钱，吃了多少可口的东西，娶了多少老婆，而是因为第一个说螃蟹很好吃，或者女人美得像朵花类似的事情。当然我不是说一个人必须在历史上留名。作为普通人，吃点好的穿点好的也就够了，轻轻松松过一生，死的时候不十分痛苦，就是幸福的人生了。

我们总说中国有四大发明，说起来特有面子，至少一些媒体喜欢这么说。这么说的原因，自然还是为了名。我们没有听说哪个非洲国家爱炫耀他们是出产狮子的国度，或者他们是第一个发明火和发现石头用途的人，不是因为确确实实他们没有说，而是因为他们的媒体不够发达。其实火和石头用途的发明发现比火药的发明用途大多了，没有火和石头根本没有人类，我小时候大人们如是说。

其实每个人都有一些创造力，一般人平时看不出来有什么创造力的原因大约是因为懒，或者是环境没有压迫感。至少我自己体会比较深。比如平时如果家里的电器出了麻烦，又或者其他什么东西坏了，不能立刻找到专家来修，逼得我瞎鼓捣，用平时看不出有什么用途的东西当工具或者代用品，居然大多数情况下也能搞定，说明在受压迫的情况下人最有创造力。

创造力不能彰显的第二个原因是绝大多数人不喜欢花时间和精力去创造。别人创造出来的模式自己去套一下多轻松啊。这种现象更是每天每时每刻都能看到。在研究领域，一个特有创造力的人，比如说威滕同学，写出一篇很有创意的文章，立刻有一大帮特聪明的人跟上，写出无数类似注解的文章。我说这些人特聪明是因为不够聪明的人还不能跟得这么快。这些人往往聪明反被聪明误，一辈子跟风地注解别人的工作，哪里还有什么时间做出自己的东西。当然，我不反对大家这么做,既然火被发明出来,总得有用的人不是?

创造力是什么? 创造就是第一个做最简单的东西,我想这应该是共识,虽然我在开头引了查理·明格斯的话。在学术领域,将简单的东西变成复杂的遍地都是,将复杂的变成简单的东西偶尔见一回两回。

为什么中国近现代发明创造不多? 原因倒不是没有感到压迫,而是我们的聪明人太多,结果时时刻刻在跟风,并且大环境迫使我们去跟风。人家将飞机发明出来了,我们不去照搬而是另外发明一个当然是傻子,同理,我们不必重新发明电灯,不必重新发明电动机,不必重新发明电脑,等等。

虽然我很同情照搬的简单易行,很多情况下却让我恶心着了。就写文章来说,昨天流行"十大",于是就不断地有人写"十大最性感的香港女星""男大学吸引女大学生的十个最有效的办法""历史上最荒唐的十个皇帝""十大最恶心的职业""十大最赚钱的职业",等等。今天流行"什么什么,拿什么来拯救你",于是媒体和网上一片拯救他人的英雄。我经常看牛博网,倒不是因为那里的博客们都很牛,只是因为有少数几个有趣的人,还有很多打架的。最近那里也开始流行流行了,因为这样简单,可以不费脑子地每天写一篇博文。流行之一就是各种标题档用"内有什么什么慎入",结果越来越多的人开始"内有什么慎入"了。老实说提这一点我也是照搬,我不是不想说点别的用以表现创造力,确实我被这种不费脑子的流行恶心着了。

大到学术和文化,小到写博客,都可以看到我们创造力的贫乏。当然根据我的观点,倒不是创造力的贫乏,而是创造的欲望的贫乏。我过去提到过我做事一阵一阵的,大概就是因为做一件事久了,例如看历史文章久了,就开始腻味了,因为那些人不是学当年明月,就是学易中天,或者于丹。

我个人很难理解创造欲望的贫乏。不是炫耀,我自己做研究,现在总是以求新为主,这样研究完成了才有快感。我很难理解那些做注释的人。

李白说"古来圣贤皆寂寞,惟有饮者留其名",如果有闲有钱到这地步,与其去学人家,还真不如喝酒去。

创造力和孤独感

我是理科生，最关注的是如何解决我感兴趣的问题，而解决问题需要能力、天资、直觉，这些都是被古往今来很多人说滥了的话题。但是，直到科学解密了人类的大脑，解密了人类创造的机制，我们会一直将这些话题谈下去。

启发我思考创造力与孤独感之间关系问题的，是台湾王道还老师的一封电子信，这封电子信是发给一个小圈子的。这封信的起因是科学松鼠会的小姬提起了曾经热卖的一本书《孤独六讲》，作者是台湾的蒋勋。王道还在信中说：

人是最能容忍狭小空间的群居哺乳类。人以外的群居

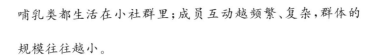

哺乳类都生活在小社群里；成员互动越频繁、复杂，群体的规模往往越小。

相形之下，人适应狭小空间的能力着实惊人。现代大都会的常住人口，数百万或千万计，若不是人类有强大的合群性，根本不可能。

这两段话说的是我们人类特有的群性，在电梯里，在会议场所，甚至在办公场所，我们可以和很多其他人分享不大的空间而不会感到特别不适。我想，人类文明所以能够突破其他动物的限制而得以发展，依赖合作，就像先民必须通力合作才能猎杀猛犸象这些大型动物。所以，群性看来是人类文明发展不可或缺的要素。与人类相比，王道还说：

1950 年代，卡尔洪在实验室创造了饮食、卫生条件都符合理想的"老鼠天堂"，结果发现空间对社会行为有令人惊心动魄的影响。老鼠不断增殖的后果是：各种病态行为滋生、猖獗。例如雌鼠不照顾幼鼠；雄鼠激烈互斗，甚至吃掉幼鼠；幼鼠死亡率高达 96％。也就是说，只要压缩物理空间，即使生活物资不虞匮乏，都能使社群崩溃，导致绝种。

所以群性不仅是人类赖以发展的重要特性，也是促进社会共存的特性。

但是，群性有其负面的一面。每逢假期，总有一些同学问我假期中要做些什么。我的回答是，假如你回家，就什么也不做，因为即使带着书本和论文回家，第一你看不进去，第二即使你看进去了效率也不高，也不会有足够时间思考和做计算。这个结论我是自己做学生时得出来的。为什么在家里我们很难学习和思考？原因之一是干扰太大，亲情密集包围你；并且，大家都在做与创造毫无干系的事情：看电视、聊家常、打扑克，这些活动是最不需要动脑子的，而且做多了这些活动你的思考能力会大大降低。除了这些表面因素，还有蒋勋在《孤独六讲》中提到的一些深层次的原因。所以，这次春节我从江苏的亲戚家回到北京，就在博客中写道：

春节几天，我似乎找到了中国人缺乏创造力的原因。我们的亲情让我们失去个性和想象力。所以，现在发展的趋势有利于中国人创造力的提升：亲情友情淡化，孤独感提高。

那么，蒋勋在《孤独六讲》中都讲了什么？他的书分为六章，这是按照他的六个演讲分的。六章分别是：情欲孤独、语言孤独、革命孤

独、暴力孤独、思维孤独、伦理孤独。

我对他说到的思维孤独、伦理孤独、情欲孤独和语言孤独特别有共鸣。例如，他在谈到情欲与伦理孤独时说：

> 家庭、伦理的束缚之巨大，远超于我们的想象。包括我自己，尽管说得冠冕堂皇，只要在八十四岁的妈妈面前，我又变回了小孩子，哪敢谈什么自我？谈什么情欲孤独？她照样站在门口和邻居聊我小时候尿床的糗事，讲得我无地自容，她只是若无其事地说："这有什么不能说的？"

这是我们日常生活中遇到的典型事情，家庭对你这样，有时社会对你也这样，虽然现在的社会与以前相比是进步多了。读到上面这段话时，我反省自己，发现自己不久前叫一个头发长的学生理发，我说现在不流行艺术家发型，其实我也是在用群体意识压他，好在我又说，艺术家风格也挺好的。最后，他还是理发了。社会不鼓励特立独行，要求一致性，导致创造力的衰微甚至完全消亡。

即使将范围缩小到一个研究群体，追求一致性也是扼杀创造力最主要的因素，我以前谈过几次的"花车效应"就是这样，一旦什么人取得突破，有时甚至不是真正的突破，大家一拥而上地写些无关痛痒的研究论文。很多情况下，一些人将一辈子耗在追逐"主流"上面。

科学和艺术一样,最高形式的创造就是在追求与众不同中取得的。我想起狄拉克回忆与海森堡一起爬山时看到的事情,海森堡一个人爬到高处站在一个悬空的石头上面,面色坦然,这令狄拉克想到海森堡在创建量子力学时的风格。

其实,在科学中,创造非常类似于文学中的创造,就是在传统的延续下寻找新的出口和新的维度。所以,蒋勋的论"语言孤独"也可以用到科学上面来。他说:"所以我们需要颠覆,使语言不僵化、不死亡。任何语言都必须被颠覆,不只是儒家群体文化的语言,即使是名学或希腊的逻辑学亦同,符号学就是在颠覆逻辑,如果名学成为中国的道统,也需要被颠覆。新一代文学颠覆旧一代文学,使它'破',然后才能重新整理,产生新的意义。"

最近,我在读一本谈英语诗人艾略特诗歌中隐喻的书。艾略特的诗歌就是颠覆语言形式的典范。在著名的《荒原》中,他用典,将不同的碎片拼凑起来,追求非个人化,所有这些表面上看起来晦涩、无逻辑,但当你明白了他所用的典故,他为什么拼凑,整个诗就可以理解了,你就会获得一种全新的审美愉悦。而中国文学,似乎还未见类似的创造出现。

一个理论家的自白

李　森

数学家哈代同学写过一本《一个数学家的自白》，这是通常的翻译，严格地说，应该翻译为"一个数学家的辩解"。我没有哈代的成就，也就只能自白而不能辩解了。

哈代写那本书，本意是想说明研究纯数学的动机。他有英国人的贵族精神，认为纯数学的价值就是它的自身。知识不一定有用，或者说，不一定有功利的效用。

纯粹数学不需要辩解，因为对数学发展的推动除了来自其他学科的要求，还有数学本身发展的需要，这包括数学概念的自我创新，基于数学本身提出的难题和逻辑扩张。

理论物理则完全不同，尽管有些时候理论物理的问题也是自身逻辑扩张的结果（如广义相对论），但最终要实验来检验。不能证伪的理论不是科学。然而，我研究理论物理，起初的动机恐怕和哈代一样，只是出于好奇，只是觉得理论物理本身很美。因为，将世界上的万物纳入几个原理上简单的方程本身就是一个奇迹。这个奇迹为什么会发生，到现在也没有人知道答案。

我大学毕业以后从宇宙学开始做研究，经过超对称、超弦，转了一个圈子又回到宇宙学，当然，弦论也还在做，20多年下来，研究的基本是纯理论问题。最终回到宇宙学，还是因为弦论发展的结果，虽然实验也起了很大的作用。七八年前，宇宙微波背景辐射谱中的涨落的测量，不断有新结果，几乎每周都听到新闻，自然不知不觉地对我产生了影响。台大黄伟彦教授不遗余力地推动宇宙学研究，对我再次研究宇宙学也起了很大的作用。

弦论到了21世纪，面临很大的难题。弦论自身的确提出了很多问题，例如，如何解释一个不为零的宇宙学常数，或暗能量？如何回答粒子物理中的问题？我们到底在容纳粒子标准模型的同时，能不能够确切地作出新的粒子物理预言？这个问题单子可以开得很长，但很遗憾，没有一个问题在可见的未来能够得到回答。这就是弦论目前遇到的大难题。十年前，我还在相信弦论自身的逻辑发展足以推动弦论的发展，直到有一天我们一举写下基本方程，计算出一些重要的物理量。现在我基本改变了看法，不觉得弦论下一步的重大进

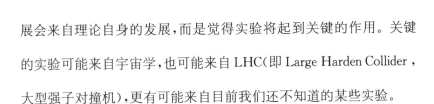

展会来自理论自身的发展，而是觉得实验将起到关键的作用。关键的实验可能来自宇宙学，也可能来自LHC（即 Large Harden Collider，大型强子对撞机），更有可能来自目前我们还不知道的某些实验。

所以，我经常对我的学生说，你研究纯弦论问题可以，但是要记住，你只是在研究数学物理，不是理论物理本身。数学物理有自身的价值判断，你要按照这些价值判断做研究，这样才可能不至于在做不动研究的时候突然发现自己做了一辈子不知所云的事情。我甚至说，如果LHC的实验还不能证明超对称是存在的话，你需要打算做一点与物理更密切的问题了，虽然出于爱好，你还可以继续研究纯弦论问题。

什么是纯弦论问题？这包括弦论的基础，如何写出弦论在不同时空中的基本方程；弦论有没有基本原理，如果有，是什么？弦论中的一些"理想问题"，如现实中不存在的黑洞的量子性质；弦论与数学的关系，特别是与微分几何以及代数几何的关系，等等。这些问题，一时半会儿还看不到与任何具体的物理问题有关。

弦论还有一大片研究领域可以称之为应用弦论，例如最近几年，很多人用弦论来研究粒子物理中的强相互作用，这类问题完全是物理问题，可以和实验作直接的对比。有趣的是，弦论近来有"入侵"凝聚态物理的倾向。例如，有人用弦论来研究相对性和非相对论性流体、超导、其他临界现象，这些研究还刚起步，但很有前途。应用弦论正是我希望年轻的一代重视的领域,好在在我的鼓吹之下有一些人开始研究了。

20多年来,我一直是一个纯粹知识派,所持的观点是,知识不一定要有用。这个看法到今天基本没有改变,所改变的是策略。我不再像年轻时那样,认为在我自己的领域纯粹思维可以导致重大进展,作为个人,更加感到无力。我开始想做一些与物理实验直接相关的研究,这一方面是弦论目前的处境导致的,一方面是觉得自己的年龄渐大,已经没有本钱来"享受"纯粹思维的乐趣了。说得直白一点,就是不甘一辈子只做了也许根本与现实世界无关的研究,想趁还能够做研究的时候打几个赌,翻点本钱回来。尽管如此,我目前研究的宇宙学问题中有一部分在很多人眼中也还是太玄。例如我想知道宇宙大爆炸的起源,我想知道在我们的视界之外还存不存在其他宇宙区域,其中物理规律可能和我们这个区域完全不同。我还想知道物理常数是偶然的,还是逻辑上可以完全确定的,等等。这些问题看上去很玄,其实是和目前以及将来的实验相关的。这些问题不是我前面说的纯粹弦论问题。除了我提到的宇宙学"终极问题"之外,我也研究小问题,更实际的问题。

近几年来写一点科普文章,主要动机也是想做一些对他人有用的事情,即使写博客,也是如此。写科普和写博客,最好的期望是读者能从我这里得到知识,最差也是一种有趣的交流。对我自己,其实是扩展知识范围的好机会。我甚至开始入侵文化领域，看一些文化书籍，写一点评论，甚至写点诗，这都是希望在完善自己的同时，为他人提供某种精神上的免费消遣。至于能够做到什么程度，就不是自己应该计较的事情了。

图书在版编目（CIP）数据

给孩子讲太空 / 李淼著. —南京：江苏凤凰文艺
出版社，2019.5（2021.9重印）
ISBN 978-7-5594-1737-4

Ⅰ. ①给… Ⅱ. ①李… Ⅲ. ①宇宙—少儿读物 Ⅳ.
①P159-49

中国版本图书馆 CIP 数据核字（2018）第 279821 号

给孩子讲太空

李淼 著

出 版 人	张在健	
责任编辑	唐 婧	
出版发行	江苏凤凰文艺出版社	
	南京市中央路 165 号，邮编：210009	
网 址	http://www.jswenyi.com	
印 刷	苏州市越洋印刷有限公司	
开 本	710×1000 毫米 1/16	
印 张	16.5	
字 数	168 千字	
版 次	2019 年 5 月第 1 版	
印 次	2021 年 9 月第 2 次印刷	
书 号	ISBN 978-7-5594-1737-4	
定 价	48.80 元	

江苏凤凰文艺版图书凡印刷、装订错误，可向出版社调换，联系电话 025-83280257